战略性新兴产业科普丛书

江苏省科学技术协会
江苏省人工智能学会
组织编写

# 人工智能

高阳 主编

江苏凤凰科学技术出版社
南京

**图书在版编目（CIP）数据**

人工智能 / 高阳主编. —南京：江苏凤凰科学技术出版社，2019.12（2020.10重印）
（战略性新兴产业科普丛书）
ISBN 978-7-5713-0660-1

Ⅰ. ①人… Ⅱ. ①高… Ⅲ. ①人工智能 - 普及读物
Ⅳ. ①TP18-49

中国版本图书馆CIP数据核字（2019）第257566号

战略性新兴产业科普丛书
**人工智能**

| | |
|---|---|
| 主　　编 | 高　阳 |
| 责任编辑 | 孙连民 |
| 责任校对 | 郝慧华 |
| 责任监制 | 刘　钧 |
| 出版发行 | 江苏凤凰科学技术出版社 |
| 出版社地址 | 南京市湖南路1号A楼，邮编：210009 |
| 出版社网址 | http://www.pspress.cn |
| 排　　版 | 南京紫藤制版印务中心 |
| 印　　刷 | 徐州绪权印刷有限公司 |
| 开　　本 | 718 mm × 1 000 mm　1/16 |
| 印　　张 | 8.75 |
| 版　　次 | 2019年12月第1版 |
| 印　　次 | 2020年10月第2次印刷 |
| 标准书号 | ISBN 978-7-5713-0660-1 |
| 定　　价 | 48.00元 |

# 总 序

进入 21 世纪以来，全球科技创新进入空前密集活跃的时期，新一轮科技革命和产业变革正在重构全球创新版图、重塑全球经济结构。战略性新兴产业以重大技术突破和重大发展需求为基础，对经济社会全局和长远发展具有重大引领带动作用，是知识技术密集、物资资源消耗少、成长潜力大、综合效益好的产业，代表新一轮科技革命和产业变革的方向，是培育发展新动能、获取未来竞争新优势的关键领域。

习近平总书记深刻指出，“科学技术从来没有像今天这样深刻影响着国家前途命运，从来没有像今天这样深刻影响着人民生活福祉”“要突出先导性和支柱性，优先培育和大力发展一批战略性新兴产业集群，构建产业体系新支柱”。江苏具备坚实的产业基础、雄厚的科教实力，近年来全省战略性新兴产业始终保持着良好的发展态势。

随着科学技术的创新和经济社会的发展，公众对前沿科技以及民生领域的科普需求不断增长。作为党和政府联系广大科技工作者的桥梁和纽带，江苏省科学技术协会更是义不容辞肩负着为科技工作者服务、为创新驱动发展服务、为提高全民科学素质服务、为党和政府科学决策服务的使命担当。

为此，江苏省科学技术协会牵头组织相关省级学会（协会）及有关专家学者，围绕“十三五”战略性新兴产业发展规划和现阶段发展情况，分别就信息通信、物联网、新能源、节能环保、人工智能、新材料、生物医药、新能源汽车、航空航天、海洋工程装备与高技术船舶十个方面，编撰了这套《战略性新兴产业科普丛书》。丛书集科学性、知识性、趣味性于一体，力求以原创的内容、新颖的视角、活泼的形式，与广大读者分享战略性新兴产业科技知识，共同探讨战略性新兴产业发展前景。

行之力则知愈进，知之深则行愈达。希望这套丛书能加深广大公众对战略性新兴产业及相关科技知识的了解，进一步营造浓厚科学文化氛围，促进战略性新兴产业持续健康发展。更希望这套丛书能启发更多公众走进新兴产业、关心新兴产业、投身新兴产业，为推动高质量发展走在前列、加快建设“强富美高”新江苏贡献智慧和力量。

中国科学院院士

江苏省科学技术协会主席

2019 年 8 月

# 前　言

人工智能（Artificial Intelligence），英文缩写AI，是研究和开发用于模拟和扩展人的智能的理论、方法、技术和应用系统的一门学科。从深蓝计算机战胜国际象棋大师卡斯帕罗夫，到阿尔法围棋战胜李世石，再到高考机器人……每一次人工智能技术大显身手，都会引爆成世界级的话题。而这些应用，仅仅是人工智能技术应用的一隅。在我们的生活中，人工智能的应用则更加广泛。例如智能制造、人工智能教育、智能交通、智慧金融、智慧医疗等，均为人工智能造福人类的重点领域。以"智"图"治"，以"智"提"质"，以"智"谋"祉"，人工智能正不断为开辟社会治理新格局、高质量发展赋能。

习近平总书记在致2018年世界人工智能大会的贺信中表示：把握好这一发展机遇，处理好人工智能在法律、安全、就业、道德伦理和政府治理等方面提出的新课题。党的十八大以来，习近平总书记高度重视人工智能发展，多次谈及人工智能的重要性，为人工智能如何赋能新时代指明方向。

人工智能技术和产业的发展，离不开人才的支撑、环境的孕育，离不开人工智能科学知识的普及。经过精心策划筹备，《人工智能》与广大读者见面了。本书由江苏省人工智能学会组织专家编写，分为十个篇章，从人工智能发展的前世今生谈起，介绍了人工智能下的医疗、交通、教育、艺术、金融、司法发生的改变，展现了未来人工智能的美好生活图景，记录人工智能给社会经济生活带来的改变。

希望本书的出版能为公众了解人工智能知识，为人工智能产业启迪新思路、激发新动能提供帮助。同时，也能激励更多人工智能方面的学者积极参与科普，将创新资源科普化，投身科普事业，为广大读者献上丰富的科普大餐。

《人工智能》编撰委员会

2019年8月

# 前言

## 《战略性新兴产业科普丛书》编辑委员会

## 《人工智能》编撰委员会


**主　编：**高阳

**副主编：**俞扬　翟玉庆　王崇骏

**编　委：**高阳　俞扬　翟玉庆　王崇骏　房伟　刁翠莹　马莹

**参与编写人员（按姓氏笔画为序）：**

王岚　王崇骏　王耘　刘聪

孙立宁　吕静　邹彦玲　严宝平

宋凤义　吴银霞　杨萌　俞扬

唐开强　杨琬琪　翟玉庆　张燕

# 目录

# 第一章

# 人工智能的前世今生

# 1. 从图灵测试说起

英国科学家阿兰·麦席森·图灵（Alan Mathison Turing）（图1-1）被誉为20世纪伟大的数学家。一个人一生若能做出影响人类的重要工作，可称为大师，而图灵在其短暂的42年生命中，做出了多项深刻改变世界的贡献。

图1-1 图灵

1912年，图灵生于英国西伦敦一个富足的公务员家庭，自小就表现出独特的创造力和超群的智力。中学时期的图灵就可以自行把数学课本上的定理推导出来，他还发明了从海藻里分离碘的方法。1931年，图灵开始在剑桥大学国王学院学习数学，大约从1933年开始对逻辑感兴趣。他看到哥德尔的不完备性定理后就开始琢磨图灵机，据说他躺在草坪上就把图灵机的构造弄明白了。

图灵在计算机领域的重大贡献是提出了图灵机模型。图灵机是现代计算机的数学抽象模型，奠定了计算理论的基础，回答了什么是可以计算的问题、是否有不可以计算的问题等基本问题。1936年，他在《论可计算的数》论文中证明了图灵机和其他计算装置的等价性，也就是说任何计算装置都等价于图灵机。这个论题是整个计算机科学的基础。因此，图灵被誉为计算机科学之父。素有“计算机领域诺贝尔奖”之称的“ACM-图灵奖”①就是以他的名字命名的。同时，图灵机虽然是抽象模型，但是其运行结构直接对应了物理过程，可以说是现代计算机的图纸。“计算机之父”冯·诺伊曼也将当代计算机结构的设计归功于图灵。

---

① 图灵奖由美国计算机协会（ACM）于1966年设立，奖励对计算机事业做出重要贡献的个人。由于图灵奖对获奖条件要求极高，评奖程序又是极严，一般每年只奖励一名计算机科学家，只有极少数年度有多名合作者或在同一方向做出贡献的科学家共享此奖。因此它是计算机界最负盛名、最崇高的一个奖项。

图灵最伟大的贡献之一是在第二次世界大战期间协助英国军方破译了德国著名的密码系统Enigma，为扭转第二次世界大战盟军的大西洋战场战局立下汗马功劳。后人认为他在密码破译方面的贡献将第二次世界大战的结束时间提前了两年。这一段图灵的历史也被演绎为电影《模仿游戏》。另外，图灵用“反应–扩散”系统描述的数学过程，在发育生物学中有着重要影响。图灵还是一名长跑健将，他的长跑纪录是奥运水平的，但因受了伤而错过1948年奥运会，可以说是一个被科学界耽误了的运动员。

在第二次世界大战结束之后，图灵对机器是否能有智能、如何能有智能，以及如何鉴别机器是否具有智能等问题产生了兴趣。1950年，图灵发表文章《计算机与智能》，提出用“模仿游戏”来判断机器是否有智能的方法，该方法被后人称为“图灵测试”（图1–2）。

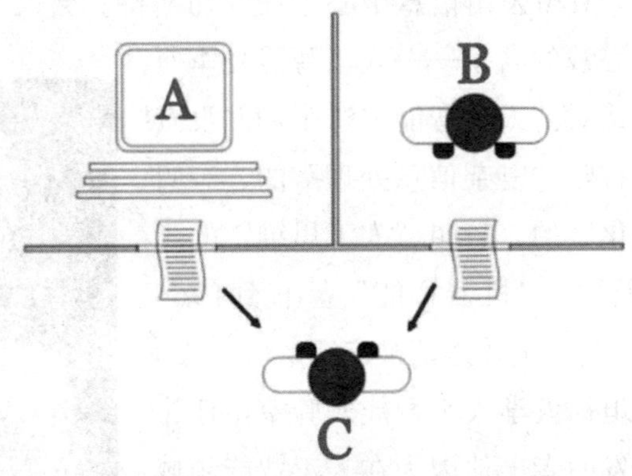


图1–2　“图灵测试”示意图

“图灵测试”大致过程如下：如果一个思维正常的人（代号C）使用测试对象能理解的语言去询问两个他不能看见的对象（代号A和代号B）任意一串问题。其中A是机器，B是正常思维的人。经过多次询问之后，如果C不能得出实质的区别来分辨A与B的不同，则A（该机器）通过图灵测试；如果有超过30%的测试者C不能确定被测试者是人还是机器，也可以理解为该机器拥有智能。

随着后期人工智能的发展，通过“图灵测试”成为智能系统的一个追求。虽然号称通过“图灵测试”的系统越来越多，其实都是在限定条件下的测试，这些限定的条件包括判断者不可以进行开放式提问，不能进行主动询

问而只能一次性观测，限定在一个固定的领域中，例如对系统生成的画和人的画、系统生成的诗词和人的诗词对比等。迄今为止，还没有任何一个人工智能系统能够通过完全的“图灵测试”，这仍然是一个梦想。

## 2. 缘起达特茅斯会议

人工智能公认起源于1956年的达特茅斯会议。此次会议以“用机器来模仿人类学习以及其他方面的智能”为主题，耗时两个月。此次会议标志着“人工智能”的诞生，而1956年也就成了人工智能元年。

会议的主要组织者有斯坦福大学人工智能实验室的主任麦卡锡（图1–3）、麻省理工学院人工智能实验室联合创始人明斯基（图1–4）、信息论创始人香农以及IBM公司信息中心主任罗切斯特。会议召集者麦卡锡给会议取了个别出心裁的名字——人工智能夏季研讨会。大家一开始对“人工智能”这个词并没有取得完全共识，有叫“复杂信息处理”的，有叫“思维过程机器化”的，有叫“人工思维”的，英国人最早的说法叫“机器智能”。直到1965年，“人工智能”这个词才逐渐被广泛认可。

图1–3　麦卡锡

麦卡锡是斯坦福大学人工智能实验室主任，也是LISP语言的发明者，他因为在人工智能领域的杰出贡献而获得1971年的图灵奖。麦卡锡1927年生于波士顿，1948年从加州理工学院本科毕业，1951年获得普林斯顿大学数学博士学位。在普林斯顿大学读研究生的时候，麦卡锡结识了冯·诺伊曼，并在其影响下开始对计算机模拟智能感兴趣。麦卡锡在会议上首次提出了“人工智能”一词，被誉为人工智能之父。

图1–4　明斯基

明斯基为麻省理工学院人工智能实验室联

合创始人。明斯基1927 年生于美国纽约，1946年进入哈佛大学主修物理，后来改修数学，1950年进入普林斯顿大学深造，并于1954年获得博士学位。明斯基对人工智能领域的贡献是开创性的，其科研成果涉及众多领域。他的最重要成果是神经网络技术，此外他还提出了“框架理论”。他因为在人工智能领域的杰出贡献而获得1969年的图灵奖。

另外两位重量级的参与者是纽厄尔和西蒙（图1–5），他们共享了1975年的图灵奖。时任卡内基理工学院工业管理系主任的西蒙在兰德公司学术休假的时候认识了比他小11岁的纽厄尔，力邀纽厄尔到卡内基理工学院，开始了他们的终身合作。他们和1966年的图灵奖得主佩利共同创立了卡内基梅隆大学计算机系，使得卡内基梅隆大学成为计算机学科的重镇。纽厄尔和西蒙在达特茅斯会议上公布了一款叫“逻辑理论家”的程序，被认为是第一个可工作的人工智能程序，对应的《逻辑理论机器》后来成了人工智能历史上非常重要的文章。

图1–5　纽厄尔（左）和西蒙（右）

## 3. 人工智能第一次浪潮

自1956年达特茅斯会议之后直到20世纪70年代，人工智能经历了其蓬勃发展的首个黄金时代。在长达十几年的时间里，计算机被广泛应用于定理证明和自然语言领域，用来解决代数、几何和英语问题。这让很多研究学者看到了机器向人工智能发展的信心，甚至有很多学者当时乐观地认为：“20年内，机器将能完成人能做到的一切。”

1957年，康奈尔大学的罗森布拉特实现了一个叫“感知机”（Perceptron）的神经网络模型。作为第一个人工神经网络，它可以完成一些简单的视觉处理任务，这在当时引起了轰动。罗森布拉特因此声名大噪，得到了越来越多来自国防部和海军的研究经费资助。人工智能也因此得到更广泛的关注。

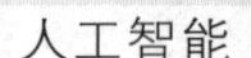

1966年，麻省理工学院（MIT）人工智能实验室的维森鲍姆开发了最早的自然语言聊天机器人ELIZA（图1–6），它能够模仿临床治疗中的心理医生，也是最早的人机对话机器人。ELIZA的实现技术通俗讲就是将输入语句分类再翻译成合适的输出，原理虽然很简单，却让很多当时跟ELIZA做过对话测试的人以为就是和真正的心理医生在聊天。

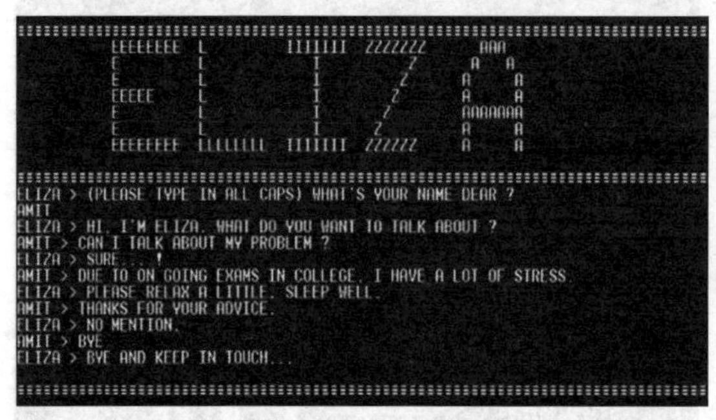


图1–6 聊天机器人ELIZA

图1–7 工业机器人UNIMATE

此外，1958年，麦卡锡发明了使用十分广泛的人工智能语言LISP。IBM的萨缪尔也于1959年开发出首个自学习的跳棋程序，并总结提出了“机器学习”的概念。他在文章中写道：“给电脑编程，让它能通过学习比编程者更好地下跳棋。”1961年，第一台工业机器人UNIMATE（图1–7）开始在通用汽车的生产线上工作。

该时期各种成果层出不穷，不胜枚举。经费方面也得到美国政府和军方的大力资助。1963年6月，MIT从新建立的美国国防部高级研究计划局（ARPA，后来的DARPA）获得了用于资助MAC工程的220万美元经费。直到20世纪70年代为止，ARPA每年提供300万美元资助给MIT。ARPA还对纽厄尔和西蒙在卡内基梅隆大学的工作组、斯坦福大学人工智能项目以及爱丁堡大学人工智能实验室进行类似的资助。在接下来的许多年，这四个研究机构一直是人工智能学术界的研究中心。研究者们被无条件地提供经费资助，可以研究自己感兴趣的任意方向和领域。

进入20世纪70年代，科研人员在人工智能研究中对课题难度预估不足导致的问题慢慢显露出来，加上学界内部对人工智能质疑和批评的声音也越来越大，有限的计算能力和快速增长的计算需求之间的矛盾，这些造成了人工智能发展的巨大障碍，使美国国防部高级研究计划局的合作计划失败，社会舆论的压力也开始慢慢压向人工智能，人工智能经历了一段痛苦而艰难的岁月。

先是美国自动语言处理顾问委员会（ALPAC）历经两年调研后，于1966年发布《语言与机器》报告，指出机器翻译比人慢、不准确、花费高，并给出了机器翻译在可预见的未来不实用，应该立即停止对机器翻译予以资助的结论。

1969年，明斯基和佩珀特联合出版了《感知器》一书，证明单层神经网络不能解决 XOR（异或）这个基本的逻辑问题，批评神经网络的计算能力实在有限。原来的政府资助机构也逐渐停止对神经网络研究的支持，随后神经网络学科日渐消沉。1974年哈佛的一篇博士论文证明了在神经网络多加一层，并利用“后向传播”（back-propagation）学习方法可以解决XOR（异或）问题。但由于当时正处于低谷期，文章并没有受到广泛关注。

1972年，德雷福斯以其1965年发表的《人工智能与炼金术》为基础出版了《计算机不能做什么——人工智能的极限》，对人工智能进行全面的批评。

1973年英国科学研究委员会（SRC）委托英国著名应用数学家莱特希尔（James Lighthill）用不偏不倚的态度评价研究现状。报告虽然支持人工智能研究自动化和计算机模拟神经及心理的过程，但是对机器人和自然语言处理等领域基础研究进行了严重的质疑。莱特希尔在报告中用“海市蜃楼”来表达对人工智能前景的悲观。

从ALPAC的《语言与机器》报告到德雷福斯的全面批评，连同莱特希尔报告一起，标志着人工智能发展历史上的第一次低谷来临。人工智能随后经历了痛苦而艰难的几年。

## 4. 人工智能第二次浪潮

20世纪80年代，随着专家系统的出现与风靡、神经网络的复兴及日本的第五代计算机计划的实施，人工智能经历了它的第二个黄金时代。大约10年后，随着日本第五代计算机宣告失败，专家系统也风光不再，人工智能发展史上第二次低谷来临。

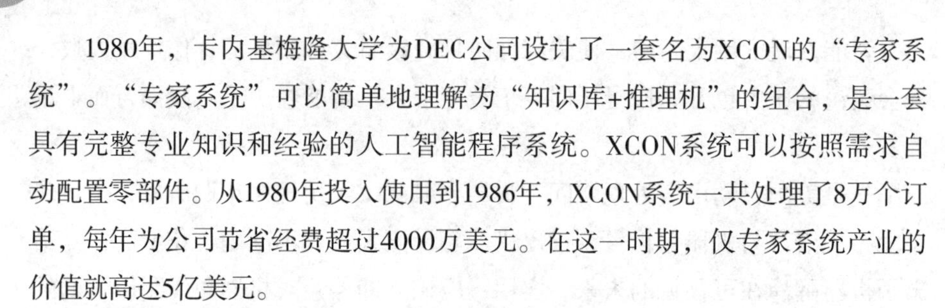

1980年，卡内基梅隆大学为DEC公司设计了一套名为XCON的“专家系统”。“专家系统”可以简单地理解为“知识库+推理机”的组合，是一套具有完整专业知识和经验的人工智能程序系统。XCON系统可以按照需求自动配置零部件。从1980年投入使用到1986年，XCON系统一共处理了8万个订单，每年为公司节省经费超过4000万美元。在这一时期，仅专家系统产业的价值就高达5亿美元。

1982年，时任加州理工学院生物和物理教授的霍普菲尔德提出了一种新的神经网络——霍普菲尔德网络。该网络不仅可以解决一大类模式识别问题，还可以给出一类组合优化问题的近似解。霍普菲尔德模型的提出标志着神经网络的复兴，振奋了整个神经网络领域。

1981年10月，日本首先向世界宣告开始研制第五代计算机①，并于1982年4月制订并实施为期10年的“第五代计算机技术开发计划”，总投资5亿美元。该工程以改进计算机的设计思想，既降低计算机硬件成本，又使计算机具有“人工智能”能力为目的。

雄心勃勃的日本通商产业省（MITI）对第五代计算机的自信来于日本DRAM存储芯片产业的成功。20世纪70年代日本半导体工业在MITI的协同下组织了业界协会，DRAM的研发很快就全面赶超美国。由此日本对美国在计算机硬件制造方面构成了威胁。MITI并不满足于跟随美国，想要在整个IT领域设立自己的标准。第五代计算机选定Prolog语言而不以LISP语言为基础，一个主要原因就是LISP为美国人发明，而Prolog不是美国人发明，而且是相对全新的。

第五代计算机计划在西方国家中引起强烈反响，美英等国纷纷采取措施或制订发展方案以应对日本的这一严重挑战。美国的“微电子与计算机技术合作工程”、英国的“阿尔维方案”等都是在这样的背景下产生的。第五代计算机计划促成了20世纪80年代中后期人工智能的繁荣，也提升了日本在全世界的形象。

---

① 第五代计算机是把信息采集、存储、处理、通信同人工智能结合在一起的智能计算机。它能进行数值计算或处理一般的信息，主要能面向知识处理，具有形式化推理、联想、学习和解释的能力，能够帮助人们进行判断、决策、开拓未知领域和获得新的知识。人-机之间可以直接通过自然语言（声音、文字）或图形图像交换信息。

最终第五代计算机计划以失败告终，第五代计算机既没能证明它能干传统计算机不能干的活，在典型的应用中也并不比传统计算机快多少。专家系统取得的成功也是有限的，它无法自我学习并更新知识库和算法，导致维护成本越来越高，以至于后来很多企业都放弃了这些陈旧的专家系统。人们开始对专家系统甚至人工智能都产生了信任危机，对人工智能发展方向质疑的声音又逐渐变大。加上当时正是个人电脑快速崛起的时期，IBM的PC机和苹果电脑快速占领了整个计算机市场，它们的CPU频率和速度稳步提升，越来越快，甚至变得比昂贵的LISP机器更强大。人工智能研究领域再一次进入低谷时期。

## 5. 人工智能又火起来了

20世纪90年代后期，人工智能随着神经网络技术逐步发展，研究者及人们对人工智能开始抱有客观理性的认知，经历了起起落落的人工智能开始进入平稳发展时期。互联网技术的蓬勃发展产生了海量数据，计算机芯片的计算能力也突飞猛进，这给神经网络快速发展提供了契机，人工智能算法也因此取得了重大突破。随后，IBM的“深蓝”战胜了国际象棋世界冠军卡斯帕罗夫让人工智能再次成为热门话题。

2012年举行的图像识别国际大赛中，多伦多大学辛顿的神经网络团队以压倒性的优势从竞争对手中脱颖而出，拔得头筹，从而震动了整个人工智能领域。从此，以多层神经网络为基础的深度学习被迅速推广至语音识别、图像分析、医疗、金融等各个应用领域。

2016年，谷歌（Google）旗下DeepMind公司用深度学习和强化学习开发的围棋人工智能程序阿尔法围棋（AlphaGo）战胜了围棋职业九段棋手李世石。它的升级版AlphaGo Master在2017年以3：0的比分打败当时世界排名第一的围棋选手柯洁，再次震惊了全世界，也又一次点燃了全世界对人工智能的热情，掀起又一轮人工智能狂潮。

如今，人工智能发展日新月异，人工智能研究也走出实验室，离开棋盘，渗透到我们衣食住行、工作学习娱乐的方方面面，在诸多场景和行业得到广泛而深入的应用（图1–8）。世界各国政府和商界纷纷把人工智能列

图1–8　人工智能的应用

入未来发展战略的重要部分。2017年7月8日，国务院正式印发《新一代人工智能发展规划》，将人工智能发展升格为国家战略。美国总统特朗普也于2019年2月11日签署了一项名为“维护美国人工智能领导地位”的行政命令，正式启动美国人工智能计划。同日，白宫发文称，特朗普签署的美国人工智能计划将集中联邦政府的资源发展人工智能，以“保护美国在人工智能方面的优势”。

## 6. 第一次人机大战

自“图灵测试”被提出来后，包括下棋等挑战智能的活动一直是人工智能领域的热门方向。虽然机器之间的下棋比赛此起彼伏，但机器和人之间仍然有着不可逾越的鸿沟，直到“深蓝”的出现。

“深蓝”是美国IBM公司生产的一台能够下国际象棋的超级电脑，它重达1270千克，有32个“大脑”（微处理器），每秒钟可以计算2亿步，并且被输入了100多年来200多万局优秀棋手的对局。

20世纪90年代初，IBM公司吸纳到了卡内基梅隆大学“深思”团队，开始开发下棋机，并把对手锁定为当时的国际象棋世界冠军俄罗斯特级大师卡斯帕罗夫。卡斯帕罗夫对机器下棋非常熟悉，他在屡次与机器对决后曾表示“机器下棋没有洞见（insight）”。1996年，IBM将该项目组命名为“深蓝”。在1996年的ACM年会上，“深蓝”对战卡斯帕罗夫，尽管以4：2的比分输掉比赛，但使得老卡对“深蓝”刮目相看。老卡说他的机器对手不光有洞见，有几步简直像“上帝下的”。

1997年5月，“深蓝”再次与卡斯帕罗夫对战，老卡认输。事后老卡回忆说：“第二局是关键，机器的表现超出我的想象，它经常放弃短期利益，表现出非常可怕的威胁。”“深蓝”就此成为第一位战胜当时世界冠军的机器，引得全世界瞩目。这场对决也被称为第一次人机大战（图1-9）。

图1-9　“深蓝”对战卡斯帕罗夫

## 7. 独孤求败的“阿尔法围棋”

阿尔法围棋（AlphaGo）是谷歌（Google）旗下DeepMind公司开发的一款围棋人工智能程序。阿尔法围棋结合了数百万人类围棋专家的棋谱，并首次引入了强化学习，使得机器能自己进行训练学习。2016年3月，阿尔法围棋与围棋世界冠军、职业九段棋手李世石进行围棋人机大战，并以4：1的总比分获胜，成为第一个击败人类职业围棋选手、战胜围棋世界冠军的人工智能机器人。2016年末至2017年初，它的“Master”版本在中国棋类网站上与中日韩十来位围棋高手进行快棋对决，连续60局无一败绩。随后在2017年5月的中国乌镇围棋峰会上，阿尔法围棋与排名世界第一的围棋大师柯洁对战（图1-10），以3：0的总比分获胜。至此，阿尔法围棋的水平已经超过人类职业围棋顶尖水平。随后，DeepMind开发团队宣布阿尔法围棋将不再参加围棋比赛。

图1-10　阿尔法围棋对战柯洁

2017年10月18日，DeepMind团队公布了阿尔法围棋的增强版——AlphaGo Zero。AlphaGo Zero的能力在阿尔法围棋基础上有了质的提升，最大的区别是AlphaGo Zero不再需要人类数据。也就是说，它一开始就没有接触过人类棋谱，研发团队只是让它自由随意地在棋盘上下棋，然后进行自我博弈。AlphaGo Zero仅仅经过短短3天的自我训练就以100：0的战绩强势打败了此前战胜过李世石的阿尔法围棋；经过40天的自我训练，AlphaGo Zero又打败了曾经战胜柯洁等一众世界顶尖高手的AlphaGo Master版本。

阿尔法围棋能否代表智能计算发展方向还有争议，但它象征着计算机技术已进入了大数据、大计算、大决策三位一体的人工智能新信息技术时代。

## 8. 与人抗衡的机器游戏玩家

在阿尔法围棋赢了人类棋手之后，DeepMind等AI公司把兴趣转向了游戏。相比于国际象棋和围棋，游戏能更好地捕捉现实世界中的混乱和连续性。这意味着能恰当处理游戏问题的AI系统具有更好的通用性。

2018年8月5日，OpenAI公司的OpenAI Five与Dota2①职业玩家与业余玩家混合的队伍进行5：5对战（图1–11），并以2：1的比分战胜了人类玩家队伍。OpenAI Five的胜利意味着机器人首次在需要团队配合的复杂决策实时战略电子竞技中战胜人类职业玩家。尽管在后续的国际竞赛TI8中，OpenAI Five输给了职业玩家队伍，也意味着人工智能在决策力和协作能力方面有了很大的提升。在2019年4月的比赛中，OpenAI Five已经可以与人类职业玩家匹敌了。

图1–11　Open AI Five与人类玩家对战

2019年1月25日，DeepMind公司公布了其录制的 AlphaStar与2位职业选手对决《星际争霸2》②的过程。AlphaStar分别战胜职业选手TLO和2018年WSC

① Dota2作为世界上最受欢迎、最复杂的电子竞技游戏之一，拥有每年4000万美元的奖金池，全球大量职业选手为追逐其奖金而日夜训练。

② 《星际争霸2》是由美国著名游戏公司暴雪娱乐（Blizzard Entertainment）推出的一款以星际战争为题材的即时战略游戏。它具备策略性、竞争性的特性，在全球都非常火爆，有着海量的玩家基础，并且每年都会举办大量的比赛。该游戏所需的决策技术更接近人类在日常工作、生活中经常使用的思考与决策方法。

奥斯汀站亚军MaNa。虽然最终在现场局AlphaStar输给了MaNa，但AlphaStar能自学成才，从刚开始与TLO对战时的菜鸟级别，进化到完美操作的水平。尤其是与 MaNa 的对战，初步显示了可以超越人类极限的能力（图1–12）。

从深蓝到阿尔法围棋再到AlphaStar，尽管它们在某些技能上超越了人类，但它们也只能解决特定领域问题。就像阿尔法围棋虽然围棋水平已经无人能敌，但它还需要人帮助摆棋才能完成与人类棋手的对弈。

图1–12　Alpha Star与职业选手对决

# 第二章

# 美好的生活什么样

## 1. 我们向往的生活

阿瑟·克拉克的科幻小说《2001：太空漫游》（图2–1）中，描述了一幅温馨的画面：一家三口酒足饭饱之后懒洋洋地躺在沙滩上享受着黄昏的落日。正是这种对未来美好生活的憧憬，从而启发了智人大脑的发育。

图2–1 《2001：太空漫游》

人工智能带来的最大贡献，就是让人类程式化重复性的技能失去价值。把枯燥的劳动都交给机器是每个人的愿望，人类只有解放了双手，才能节省大量时间用来享受生活。

国家法案的制定和商业资本的追逐，促进人工智能在生活中的方方面面各处开花，包括了智能音箱、智能家电、扫地机器人、快递机器人、客服机器人等。科技带给我们的便捷生活，让我们逃离了繁重的家务劳动。

随着语音分析、图像识别、智能芯片的飞速发展，人机交互更加人性化、传感器更多、数据收集面更广。机器人不再是钢铁的化身，它收集数据，分析数据，并朝着聪明的大脑方向演进，一切家电皆可以变成机器人。

如今，实体机器人比如扫地机器人已经进入了寻常百姓家，虚拟机器人比如客服机器人已经成了客服队伍的主力。它们涉及人工智能多种技术，包括：自然语言处理、语音识别、图像识别、路径规划、个性推荐等技术。

生活领域的人工智能技术慢慢从幻想落地到现实，我们似乎已经活在了那个曾经憧憬的幸福生活中。比如抬头一看，空调就知道你想要的温度；张嘴一说，窗帘就自行开启；衣服卷成一团，洗衣机也能自动识别衣物安排转速；抽油烟机打开，它不但能智能抽油烟，还能自行链接上炊灶告诉你怎么做饭。这都源于两个主要方面：第一，对话交互模式的全面普及，做饭、看电视、上厕所，语言无处不在；第二，家电视觉识别时代开启，每一个机器似乎都睁开了眼睛。

未来，我们的工作生活将更加智能化，如只要说“家里怎么这么热”，在收到这个讯息后，AI主控就对家里的所有联网设备进行综合判断，从而做出最适当的决策，这是人工智能为智能家居所带来的新希望和新景象。

## 2. 肚子里有货的冰箱

似乎是一瞬间的事情，智能冰箱、智能空调、智能魔镜、智能烟机等一大批智能家电从科幻电影中走进了我们的生活。如果10年前的人穿越到2019年，会发现这是一个魔幻的时代。人们在家里一会儿冲着音箱说播放音乐，一会儿对着冰箱问今天可以吃什么。每个家电似乎都是活的，它们可以“看见”，也可以“听见”。科技也让人变得平等，黑科技产品从高端走向大众，从昂贵走向平价，普通老百姓能够在最短的时间内，感受到科技带来的影响。要是给这么多产品论资排辈，评一评谁是最棒的智能家电，肯定首推智能冰箱。

俗话说得好，民以食为天，可见“吃”对人来说是多么的重要了。而冰箱管控了饮食中很重要的一环，你的妈妈是不是常常想把超市搬空，然后一股脑地塞进冰箱？然后等到某一天，你打开冰箱想找一瓶可乐，结果一股毛鸡蛋的味道扑面而来，让你呕吐不止。类似的还有发潮的茶叶、发了芽的土豆、见缝插针的面膜、瓶瓶罐罐的臭豆腐乳……冰箱可谓是“宰相肚里能装臭”啊。

温饱问题是解决了，但饮食健康问题呢，可能还停留在几十年前的那个年代吧。都21世纪了，冰箱怎么能仅仅是一个只有制冷功能的铁盒子！好在冰箱自己似乎也听到了这么多的抱怨，开始向着更大、更冷、更新鲜、更智能的方向改进。作为家电中的必需品，智能冰箱把保持食品新鲜度与管理食物安全当成了智能升级的重中之重。

以某款智能冰箱（图2–2）为例。下面我们将通过了解它的基本功能来解释一下当下的智能冰箱到底智能在哪里。

图2–2 某款智能冰箱

食物的管理：现在的智能冰箱在食物的识别和管理两个方面做了很多的努力。比如自动识别食物的类别，并推荐与之匹配的保鲜方式；记录食物的数量、存放位置和存放时长，让你再也不用趴在乱糟糟的格子上找东找西。时时监控食物的新鲜度，绝不让腐败的蔬菜污染了其他食物。上述冰箱的智能凸显在图像识别的能力。这个智能系统可识别的食物已经超过 500 种，包括鱼类25种、肉类海鲜类17种、禽类5种、水果类44种、果茎类60种、干货类22种等常用食材。这项能力使用了人工智能领域的图像识别技术。

图像识别的目的是让机器看懂图片的内容。现在的科学技术仅仅可以让机器区分一张图片的大致类别，比如区分这是一个苹果还是一个香蕉。它需要大量食物的图片作为数据集输出，经过机器的学习，最终输出判别食物的模型，并用在冰箱系统上。你可以把模型当成一个黑箱子，它的工作是将输出的图像打上一个类别的标签。必须强调的是，这些数据集被称为“样本”，需要提前被人打上真实的食物标签然后再让机器学习。就像老师教你认识水果的方式，一个一个地指着告诉你这个是苹果，这个是香蕉。识别食物类别和识别食物变质都可以用图像识别来实现。唯一的差别在于，识别食物类别的模型只关心大体类别的分类，而后者还要关心食物新鲜的程度。什么是新鲜？还是腐烂？人们标注样本时必须更加细致。

个性推荐菜谱：现在的家电能开口说话已经不是稀奇事，这通过语音识别技术就可以做到。既然冰箱已经知道了自己肚子里有什么货，它就可以更聪明点，用语音告诉你晚上吃什么，这拯救了大量的懒人。正所谓天南海北，众口难调，冰箱不能随意给一个不吃辣的朋友推荐辣子鸡吧！所以它需要记住家里每个人的口味偏好，然后再进行菜谱推荐。这和网易云音乐给你推荐曲子的原理一模一样，它们都使用了用户画像技术。

简单来说构建家庭成员的饮食画像，即给每个人贴上"标签"，这里的标签不再是分类标签，而是具体的行为动作。举例来说，如果你经常购买一些鸡蛋，那么冰箱即可根据鸡蛋使用情况，替你打上标签"爱吃鸡蛋"。甚至可能通过吃鸡蛋的频率，贴上"早晚吃一个鸡蛋"这样更为具体的标签。而所有这些给你贴的标签统一在一起，就构成了你的食物偏好画像。因此，也可以说用户画像就是判断一个人是什么样的饮食爱好者。其实运用大数据技术，再结合手机App上对每个人的睡眠、运动等统计数据，进行统一建模分析，建立用户画像，智能冰箱可以为每一个家庭成员定制健康的营养方案。

自动购物功能：你喜欢吃新鲜鸡蛋，但是只有周末才有时间采购怎么办？现在的智能冰箱可以做到自动下单，并且送上门来，听起来是不是很厉害？假如你在任何一个科技博览会晃一圈，就可以发现"态圈"这个词非常流行。终端用户希望打通所有不必要的销售环节，拒绝中间商赚差价。所谓的智能冰箱生态圈，就是通过在线的形式，把你的冰箱直接连上菜场的各个摊位。你的冰箱甚至可以要求别人帮你完成洗、切、配、包装等一系列的服务，然后配送到家门口。

## 3. 智能音箱让你和家电对话

人工智能存在于人类生活的每个角落，改变了生活的点点滴滴，各行各业纷纷涌现出人工智能的身影，智能家居同样也不甘落后。智能家居以住宅为平台，实现了通过人类远程控制设备、设备自我学习从而为用户提供个性化服务，勾勒出未来家居设计的原型，优化人类生活方式和生活环境。智能家居的典型代表产品如智能音箱，以前我们需要按动按钮听歌，现在我们只

需要说出歌名便可听歌。它不仅可以陪你聊天、唱歌给你听，还可以讲故事呢，小小的体积承载着大大的能量。

天猫精灵是由阿里巴巴人工智能实验室发布的AI智能产品品牌。天猫精灵X1则是首款AI智能语音终端设备，图2-3为天猫精灵X1外观。作为一款热销的智能音箱，天猫精灵具有以下几点特色功能：

图2-3　天猫精灵X1

① 数码影院系统（Digital Theater Systems，DTS）音频技术加持，音箱音质更加出色。

② 无线连接家电产品，支持语音控制，远程控制家电成为可能。

③ 除一般智能音箱的功能外，支持语音购物，成为生活购物小帮手。

④ 通过筛选网络资源，提供高质量广播节目。

AliGenie是天猫精灵里的第一代中文人机通信系统，它囊括了众多知识点，如自然语言处理技术、语音识别技术、知识图谱等，可通过语音交流实现五个方面的技能，分别是娱乐、生活、儿童、购物和工具。具体表现为可通过与天猫精灵交互实现听故事、查询天气、听唐诗、智能家居控制、闹钟叫醒服务等。如果你对音箱说："讲个笑话。"音箱便会给你讲笑话啦。AliGenie系统还可以在不断地自我学习中不断提升自身能力，在与用户交互的过程中，自动学习，自动完善。同时，AliGenie系统通过融合视觉（如图像识别、人脸识别等）和听觉提供多模态人机交流的功能，使天猫精灵成为一个更灵活、更智慧的音箱。

智能音箱的出现丰富了我们的生活，它不仅仅是一个音箱，是一个智能助手，同样也是我们的小伙伴。语音识别技术与自然语言理解技术是学术界的两大重点研究领域，也是促使智能音箱变得更为成熟的关键。相信随着技术的发展，多语种的识别、多种语言表述方式的理解、嘈杂环境中语言信息捕捉的技术突破可以为我们带来更好的用户体验。

## 4. 真机智能“小黄马”

当前诸多高端小区实行门禁管理，小区物业管理人员不许快递员入内，要求客户去提货点或者去门口提货。这样一个真实现状一直困扰着快递服务商和买家在最后一千米的交接体验，真机智能就针对这一痛点，云端组织、线下发力研发出送货机器人“小黄马”。“小黄马”机器人在物流的发货仓库中自动接收配送任务，送货员把货放入“小黄马”的机箱中，或者通过自动投放容器放入“小黄马”的机箱中，接收到任务的“小黄马”将通过云端调配将货物运送到指定位置的用户手中，完成配送。图2–4为“小黄马”在配货、送货时刻的剪影。

图2–4　“小黄马”在送货

2014年后，物流机器人逐步成了某些科技创业公司手中炙手可热的“香饽饽”。业界内都在开始寻求智能配送的一揽子解决方案。在中国这片机器智能的沃土上，真机智能着眼于降低社会化配送的人力成本和环境成本，立足于信息产业，从机械工业出发，融合人工智能技术，研发出真机智能“小黄马”。中国人口众多，道路地形复杂，快递需求大，配送机器人在我国是一个未涉足的领域，同样也有着别样的市场。我国从事物流行业的人群众多，该产业占据相当的国内生产总值。从这一角度来说，采用智能投放的终端优化策略，有利于我国物流业市场规模在不增大人力成本的情况下优化配送服务，毕竟可以无缝将货物送到买家手中，何乐而不为呢？从人力成本角度来说，工作在物流线上最重要也最多的就是基本人力，所以大的成本也就是人力成本，虽然当前甚至是将来一段时间我国肯定还可以享受人口红利所馈赠的低成本劳动力，但是不可否认的是劳动力成本在过去10多年里翻了三番，物流行业更是招聘困难、成本飞涨。终端智能配送已经成为行业内应对成本缩减的出路之一。大数据的统计显示：在每年快递的配送过程中，配送人员的物料成本占到物流配送的一半，而在最后配送的终端成本则是人力成本的40%。真机智能“小黄马”的业务流程易于理解，其配送流程如下所示：

配送App指定送货地点 → 根据订单规划送货路径 → 客户扫码开箱取货 → 取货完毕配送下一订单

智能配送系统是由智能配送机器人对环境感知、云端系统对物流和配送的决策、系统总控制平台汇聚而成。上述系统的最关键技术则是定位技术，真机智能“小黄马”选择了多行激光雷达、GPS惯性导航等多传感器融合定位方案。具体地，激光雷达执行环境映射以获得先验点云图。GPS和惯性导航系统（INS）用于确定机器的初始位置，然后利用激光雷达数据与先前的点云图匹配从而使定位更加准确。感知层、激光雷达与视觉相结合，可以实时识别行人、车辆和障碍物，为制定最佳迂回路径提供依据。在这种技术下，定位和运行精度大幅提高。

## 5. 带着拖鞋去旅行

扫地机器人又叫家用扫地机，是一类可以完成扫地、擦地、吸尘等一系列任务的机器人的统称，是智能家用电器的一种。它就像田螺姑娘一样，在我们忙于其他事情时，帮我们完成房间内的清洁工作。它一般具有刷扫和真空两种任务模式，通过将地面垃圾装到自己的小背篓（垃圾收纳盒）中，来帮我们完成地面的清洁工作。

近十余年来，已有扫地机器人、擦窗机器人、空气净化机器人及管家机器人等多款机器人进入到了人们的生活中，其中扫地机器人“地宝”最为广泛使用。你无论是在上班还是在度假或是在忙于其他事情，仅仅通过手机App就可以随时随地查看它的清扫状态或预约时间让它定时清洁；清洁工作完成后，它又会自动回到充电位置进行充电。它帮人们解放了双手并且节约了时间，已经成为现代家庭的家电常客。

传统的扫地机器人，由可移动装置组建成机身，并且赋予固定的控制路径，从而实现反复行走，完成拟人化的清洁效果，如：直线清扫、沿边清扫和随机清扫等。对物体检测的方式主要分为红外线传感和超声波仿生技术。近几年由于科技的飞速发展，扫地机器人的智能性有所提高，但是依然存在缠绕和卡困的问题，例如：

① 当你起床下地的那一刻，发现只有一只拖鞋，另外一只不翼而飞。

② 前一刻掉在地上的数据线、发卡、头绳等，竟然自己跑到了机器人内部的垃圾收纳盒中。

③ 袜子和机器人缠斗在了一起，还卡住了滚刷。

④ 清洁到一半，突然奇怪报警求救。

而这些缠绕和卡困的问题并不能仅仅通过优化算法或者优化路径导航来解决。因为普通的传感器存在识别盲区，使得扫地机器人不能真正辨认出房屋内的具体环境。当它不能有效而精准地辨认出各种障碍物时，它将面临两种情况：或是遗漏，或是陷入困境。

因此，某公司为解决以上问题将人工智能技术融入扫地机器人中，提出了人工智能与视觉识别（Artificial Intelligence and Visual Interpretation，AIVI）技术，并且推出了包含AIVI技术的人工智能扫地机器人（图2-5）。它的机身安装了单目摄像头，被赋予了可以感知世界的方式（去看这个世界）。并且借助AIVI技术，使它拥有了深度学习的能力，通过AI摄像头来辨认和标记视野区域内的障碍物，反复地测量与障碍物之间的距离，让自己更智能地识别和避开可能妨碍自己打扫卫生的房屋内的物品（如鞋子、充电

图2-5 人工智能扫地机器人

线、垃圾箱、桌子、椅子等）。它加入人工智能AIVI技术以后，除了可以避障以外，还能够去做位置的判定识别，也就是它可以智能地识别自己处于哪种工作环境，是厨房、卫生间、客厅还是卧室，并按照身处的环境来切换自己应该进行的清洁模式。这种创新的人工智能AIVI技术使得清洁工作变得简单、高效，人们不用手动将妨碍扫地机器人工作的障碍物移除；在不需要任何人工的基础上，机器人就可以自己顺利地完成清洁工作。

现代生活中，越来越多的人忙于事业，忙于工作，而扫地机器人可以帮人们解放双手和节约时间。但是扫地机器人的工作范围依然只停留在平坦的地面，无法完成深层次的清洁。未来，我们畅想的扫地机器人可以像壁虎一样爬到墙上，翻到窗外，吸得了灰尘，铲得动猫屎，彻底把人类从扫地的事务中解放出来。

## 6. 不知疲倦的客服

机器人的概念早就因为漫画、小说、电影深入人心，每个人对那些栩栩如生的机器人形象都记忆犹新。不论是机器猫、超能特战队里面的大白，还是变形金刚里面的大黄蜂、擎天柱，这些机器人虽然在造型特点上各不相同，但都有一个共同的特性，那就是可以和人类对话。这种能力在技术领域上被称为人机交互，也就是人类同机器进行交互。虽然现代技术离科幻构想中的机器人还有一段距离，但人机交互已经在我们的身边默默地为人们提供服务。

想象一下，当你去网上商城购物遇到困惑的时候，当你在买了一台新电脑不知道怎么使用的时候，当你发现快递还没有收到的时候，第一个映入你脑海的是谁？是客服，是售后，是店员，是那些勤劳的服务人员。但如果他们休息了怎么办呢？这时我们往往就会陷入投诉无门的境况。拥有人机交互能力的智能客服问答系统就能很好地解决这个问题。它可以保证24小时待命，而且反应极快（它们的响应速度都是按照毫秒计时），具备强大的知识储备，可以解答你相关领域的所有问题，真正地做到了随时随地，投诉有门。

那么在企业网站、微信公众号甚至电话上一个个智能的机器人是怎么完成对答如流的呢？图2-6所示就是一个完整的人机交互系统。它由三部分组成：

自然语言理解（Nature Language Understanding），是指让机器理解用户在说什么，会运用到意图识别、句法分析、信息抽取等技术，理解语言背后用户表达的内容。

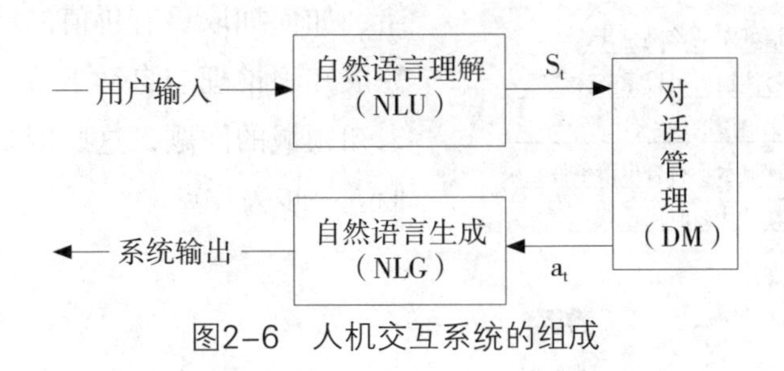

图2-6 人机交互系统的组成

对话管理（Dialog Managemtnt），是指机器需要根据前者理解用户问题后判断当前对话的状态，其中需要考虑上下文、用户当前状态等技术，实现对于当前用户整体对话的运筹把握。

自然语言生成（Nature Language Generation），是指利用自然语言处理当中的生成技术，将前面给出的知识合理并优雅地表达出来。

智能客服问答机器人系统以与机器人一问一答的形式，智能理解、精确地定位网站用户（或是数据库用户）所需要提问的知识（或业务信息），通过与用户进行交互，为用户提供个性化的信息服务和便捷化的业务流程。该系统通过对企业或站点业务流程的深入理解，归纳出常见的业务知识，构建并优化专属的智能问答机器人知识库，并通过机器人后期的智能学习，可以准确地回答与其业务相关的大部分常见问题。同时，与其他系统完成对接后，还可直接通过智能问答机器人高效地查询、办理业务等，显著提高站点用户体验和企业办公效率。在系统与微信结合后，用户在移动端上也可完成各类交互行为。

目前，基于人机交互的智能客服问答机器人系统，已经覆盖众多行业。西门子、海尔、工商银行、中国邮政、国家电网、如家、美的等年服务用户数超过60 000家，累计有10亿人次使用业务智能问答服务，累计业务问答交互次数超过60亿次，平均问答准确率达到88%，客户平均满意度达到91%

图2-7　智能客服

（图2-7）。

现在的人机交互已经从科幻走向现实，然而我们现有的智能客服问答机器人离那些科幻电影中的机器人还存在一些差距。如何安抚用户的情绪，如何抽取更有价值的信息，如何完成知识推理与自动学习，如何处理未知领域的问题，这些困难都需要我们进一步去攻克。

第三章

# AI时代，医疗如何释放智能因子

## 1. 医生的灵巧手——腹腔镜手术机器人

达·芬奇（Da Vinci）手术机器人（图3-1）是由美国直觉外科公司开发的内窥镜腹腔镜手术机器人产品，该系统配备3D、高清、放大的视野及灵巧精密的微创手术器械，可在微小创伤切口的前提下，精准到达任意手术部位，从本质上改变传统腔镜外科手术模式，在对术野狭小、大血管周围或重要脏器部位进行高风险、精细手术操作时，具有传统技术所不可比拟的优越性。

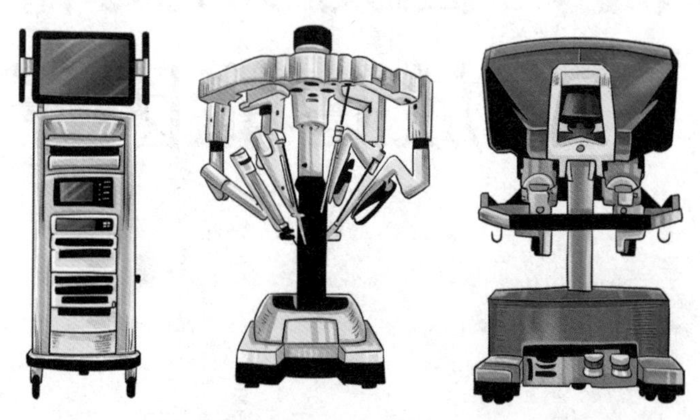

图3-1　达·芬奇手术机器人

腹腔镜手术机器人可以提升医生手、眼、足的能力，延伸医生控制范围。该机器人具有以下优势：操作精细，手术伤口小，出血量少，手术用时短；将医学影像与机器人完美结合，并借助智能控制算法由医生操控手术机械臂完成精准的手术操作；结合智能的医生手部抖动滤除算法，降低医生手部抖动对精细操作的影响；利用荧光显影辅助技术可实现精准的靶向指引（图3-2）。

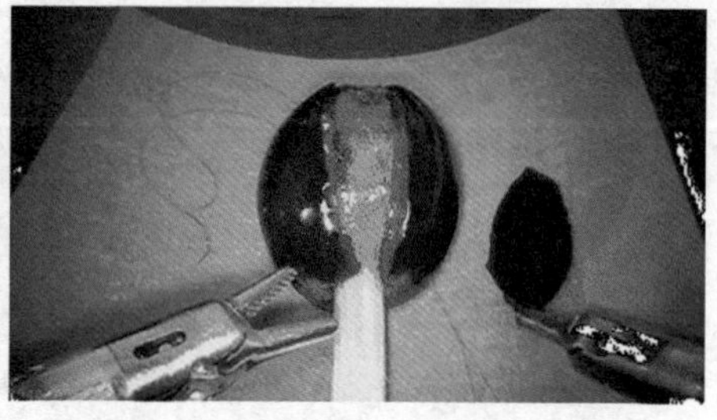

图3-2　腹腔镜手术机器人剥葡萄皮与缝合葡萄皮

腹腔镜手术机器人系统主要由三部分组成：① 医生控制系统；② 三维成像视频影像系统；③ 床旁手术机械臂及手术器械系统。实施手术时主刀医生不与患者直接接触，医生通过三维视觉反馈患者胸腹腔内空间图像并操作医生控制台，控制手术机械臂及手术器械完成医生手部、脚部的技术动作和手术操作指令。医生根据三维图像观察患者体内组织环境，并通过手部动作控制床旁手术机械臂；医生控制系统对医生的手术动作进行模型解析，将利用解析数据作为床旁手术机械臂及手术器械的控制输入参数，并结合床旁手术机械臂的运动学模型驱动手术机械臂及手术器械各个关节；机器人控制系统中包含了对医生手部抖动的智能滤除算法、医生操作智能提示、机器人紧急保护等智能控制算法，保障手术过程的高效和安全。本系统涉及：机器人控制技术、空间映射与配准技术。

不过，在腹腔镜手术机器人系统中，智能算法更多是对医生多余动作、危险性操作等给出提示，并非通过智能算法来取代医生的手术操作。

机器人控制技术：机器人控制技术是手术机器人系统的核心，它是为了使机器人完成任务和动作所执行的各种控制手段，包括从机器人控制信息采集、任务描述到机器人运动控制和机器人伺服控制等技术，涵盖了实现控制所需的全部软硬件系统。以本节所描述的腹腔镜手术机器人为例，机器人控制技术作用主要是：① 按照医生指令轨迹运动将安装在床旁机械臂末端的手术器械送达病灶点；② 按指定轨迹带动手术器械运动完成操作任务。在完成这些指令的同时，机器人控制系统也实时地反馈手术机器人的各种信息（包括力信息、位置信息、电流信息、各种传感器信息），实现了全闭环反馈控制系统。

空间映射：空间映射是一系列坐标系间的矩阵变换关系，目的是将不同参考坐标系下的位置统一到同一个参考坐标系下。以腹腔镜手术机器人为例，需要空间映射转换使得可以在机器人操作空间中获得医生手术操作信息的数学描述。另外，对于这种通过医生主从异构操作的系统，还存在一个由医生操作台操作空间到床旁手术机械臂及手术器械操作空间的映射变换（图3–3）。

图3–3 智能手术机器人示意图

## 2. 心脏病早知道——基于大数据的疾病预测

（1）利用大数据分析视网膜图像预测心脏病

人的眼底充满了反映身体整体健康状况的血管，根据眼底及视网膜的血管情况可以推断出人的年龄、血压及吸烟史等个人信息，这些信息都是心血管健康的重要预测指标。谷歌的研究人员研发了一种利用机器学习来评估个人患有心脏病风险的新算法。该算法通过分析病人视网膜扫描图像（图3–4），并分析出人的年龄、血压、吸烟史等个人健康信息数据，采用大数据技术对这些个人健康信息进行分析，预测其患心脏病的风险。

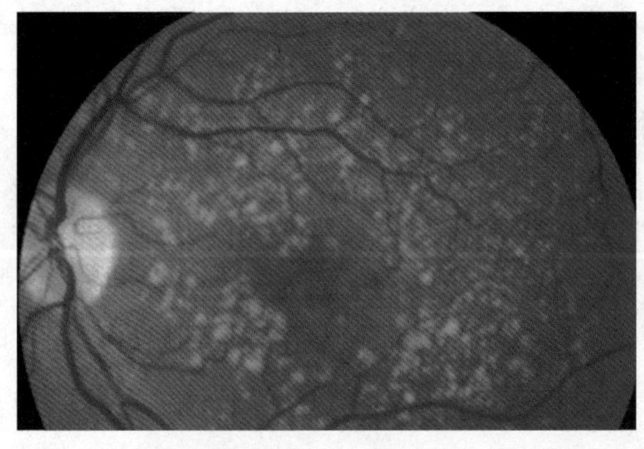

图3–4 视网膜图像（其中的黄色斑点是退化部位）

该算法通过分析近30万名患者的视网膜扫描数据和基本医疗信息，并通过神经网络对这些信息进行挖掘，挖掘患者视网膜扫描信息与患者年龄、血压等预测心血管疾病信息的相关性。

（2）利用AI软件分析血压测试及心脏扫描的数据预测心脏病患者生存情况

本应用主要针对肺动脉高压患者开展，肺动脉高压会对心脏等部分器官造成损害。根据医学历史数据发现，肺动脉高压患者有30%会在5年内死亡，但是由于医生无法判断病人的存活时间，因此无法及时选择合适的治疗方案。

为此，该系统通过分析256位肺动脉高压患者的心脏核磁共振图像以及血压测试结果，并测量每次心脏跳动时心脏内部器官的运动情况，可以覆盖人体心脏器官多达3万多不同点的运动。同时，AI软件还会分析病人8年来的全部健康档案，分析出异常情况，从而做出死亡时间判断。基于此，医生可以在合适的时机选择口服药物、直接向病人血液循环系统注入药物以及肺移植等治疗方案。结果显示，通过该系统进行预测患者一年后仍然存活的准确率相比医生预测结果提高了20%。

基于大数据的疾病诊断的核心是通过大量的数据作为训练样本，通过机器学习技术分析大量的医疗数据，像所有的深度学习分析一样，采用神经网络模型挖掘这些信息。最终，通过这些分析数据与患者实际信息进行对比，预测其患病风险（图3–5）。

图3–5 AI智能软件预测

## 3. 智能阅片“医生”——基于AI的癌症识别

世界卫生组织发布的《2018全球癌症年报》显示：2018年全年，全球有1810万癌症新发病例和960万癌症死亡病例，肺癌、乳腺癌、结直肠癌、前列腺癌、胃癌等癌症仍在快速增长。多种高发癌症的分布地图上，中国均“榜上有名”。而AI技术是被认为最有希望提升优质医疗资源供给能力，助力大规模的癌症早筛，有效提高高发癌症患者的5年生存率的技术手段。

依图医疗发布了全球首个基于医疗人工智能技术的癌症筛查智能诊疗平台及胸部CT智能4D影像系统（图3–6）。癌症筛查智能诊疗平台以人工智能技术赋能癌症早期筛查领域，联合了国内数百家医疗机构，该平台能够涵盖肺癌、乳腺癌、宫颈癌、结直肠癌等多个高发癌的智能诊疗，为临床专家提供影像检出、病灶分析、临床决策辅助、患者管理等AI服务。

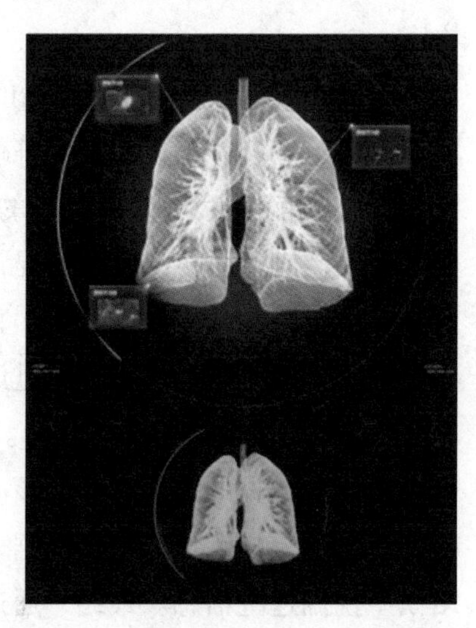
图3–6　胸部CT智能4D影像系统

胸部CT智能4D影像系统作为癌症筛查智能诊疗平台的有力支撑，是胸部CT影像智能诊断领域的重大突破，是全球首款能够进行全部位诊断的AI解决方案，该智能系统在病灶检出基础上，对这些病变做全面量化的智能分析，并通过智能算法评价病灶的恶性概率，这些通过影像诊断恶性的病灶还可为临床提供影像学依据。该智能系统可突破结节检测，检测范围涵盖结节、斑片影、条索影、囊状影以及纵隔淋巴结、胸腔积液等超过95%的胸部CT影像所见。

癌症筛查智能诊疗平台主要用于海量、快速收集三甲医院大量的已由医生标记出肿瘤的CT片，通过分析上千张有某种肿瘤的照片后，基于深度神经网络建立机器学习模型，通过对海量的医学数据、医学影像和病理的学习和研究，可以生成准确的预测模型。样本量越多，系统训练后识别的准确率将更高。AI通过对大量医学影像进行深度学习，并运用机器强大的运算能力和超强记忆力，将过去医生用人眼几分钟甚至十几分钟看完的图像，短短几秒钟内就可以处理，大大提高医生的“读片”效率。

胸部CT智能4D影像系统通过图像配准技术，实现自动配准任意时间点的图像，赋予3D图像精确的时间维度，推演病变倍增时间等重要的生物学特征，从而提供人眼无法观察和判断的更多维度的丰富信息，为放射科医生提供更多有效帮助。

样本量：样本量是指总体中抽取的样本元素的个数，样本量被广泛地应用于统计学、数学、物理学等学科。样本量大小是选择检验统计量的重要因素。而在人工智能系统中，往往需要海量的样本量进行训练，从而获得更准确的预测结果。

图像配准：是将不同时间、不同成像传感设备或不同条件下获取的两幅或多幅图像进行匹配和叠加的过程。它能够自动匹配任意时间点的图像，并赋予3D图像精准的时间维度，从而推演出病变倍增时间。图像配准技术是进行AI智能读片的基础。

## 4. 让康复更简单——智能康复机器人

对于中风、脊柱损伤、关节炎、帕金森征、外伤等患者，及时地进行康复是保障身体机能、提高恢复效果、缩短恢复时间的重要前提。M2上肢康复机器人是上海傅里叶推出的一款智能康复机器人系统，实现从软瘫期到恢复期的康复训练需求，包括等速运动、助力运动、主动运动、康复运动的全过程康复训练。能够提供包括肌力、运动范围及其他综合运动学性能评估，并开发了沉浸式交互体验训练环境，通过出色的软件界面与多种游戏使康复过程更有趣。

该系统基于力反馈等核心技术，可精确模拟出各种实际生活中的力学场景，为使用者提供多样的目标导向性训练，刺激大脑功能，进而重塑上肢功能。该系统中内置了各类高精度传感器，其智能化训练模式可实时根据患者实际主动力给予对应助力，发挥其主动参与程度，快速提高训练效果，并基于多传感器的信息反馈，提供患者全面的运动训练报告。

上肢智能力反馈康复机器人的关键技术核心是通过力反馈技术模拟出

康复过程中的各种受力环境，通过精确模拟实际生活中的力学场景，并通过机器人控制技术，由患者移动机器人上的机械手臂，控制机械手臂按照一定的动作轨迹来进行行走，实现受力场景的再现，从而达到训练的目的。并且可以针对患者上肢输出力的大小，自动采用助力康复模式和阻抗康复模式（图3–7）。

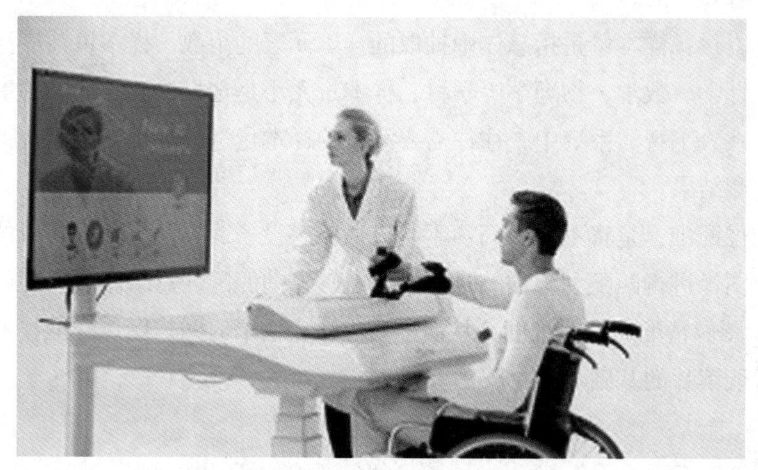

图3–7 上肢智能力反馈康复机器人

力反馈技术：力反馈技术用于再现人对环境力觉的感知。在人的五大感官中力觉或触觉是人体感官中唯一具有双向传递信息能力的信息载体。力反馈实现的原理就是通过感知人的行为模拟出相应的力、震动或被动的运动，反馈给使用者，这种机械上的刺激可以帮助我们从力觉触觉上感受到虚拟环境中的物体，可以更加真实地体验到力反馈设备反馈给操作者的力及力矩的信息，使操作者能感受到作用力。

助力康复模式：针对患者无法独自完成动作任务时，机器人通过对患者上肢末端执行器的实时反馈来计算出需要提供补偿力的大小，从而对患者手部运动方向进行同向施力。当机器人通过传感器侦测到患者开始自己出力后，经过内部力学算法，实时停止提供辅助力矩，让患者自行完成剩余的运动，直到动作完成。

阻抗康复模式：针对已经具有独自完成动作能力的患者，通过对患者手部的运动方向进行反向施力，从而使患者在运动中感受到阻尼力的产生，并且根据传感器和电机的反馈数据，中央运动控制单元能够给予足够而合适的力输出指令，可以实时地比例化地调整阻尼力的大小。可以做一定的肌力训练，从而提高患者的上肢肌力和关节力阻抗。抗阻模式的另一种方式是质量模拟。质量模拟模式中，机器人根据患者的上肢末端使用力的情况，模拟虚拟物体的质量和摩擦系数，模拟真实环境中的物体运动后的惯性，增强患者的运动控制功能，并可以实时地比例化地调整虚拟质量和虚拟摩擦系数，模拟重物体在冰面滑动的效果等，提供了丰富的物理环境互动。

## 5. 你的个人护理专家——虚拟护士

在病患疾病治愈过程中，护士担负漫长的护理和康复工作，甚至超过医生与病患的接触时间。随着人均寿命延长、患者数量增加，需要护士的地方越来越多，护士短缺成为全球众多医院面临的共同难题，将会危及患者的生命和整个国家的医疗保健系统。随着虚拟现实技术在医疗领域的不断探索，虚拟护士将解决这一困扰医院的难题。虚拟护士被设定为医生的私人助理、医护专家助手、家庭成员和健康伴侣。它可以协助医护人员实现远程医疗疾病监测和咨询交流，促进医患之间个性化医疗服务与健康管理，它随时可用、随处可及，并能保护患者医疗信息和个人隐私。它协助患者及家属在医生或亲朋好友不能亲自登门时，让医生和朋友可以在任何地点、任何时间远程拜访，如同他们在身边一样亲切。它可以在特殊医疗环境下探望患者，如重症监护病房、隔离病房、产房等。它协助健康管理专家监测患者病情康复或解答客户健康咨询、居家环境中解答健康和就医问题。

卫护——中国自主研发的远程医护机器人，即虚拟护士，集医疗传感、语音识别、远程医疗和虚拟现实等多项技术于一身，搭建医生与患者沟通的桥梁。通过与患者对话采集信息和指令，患者可将他们的生命体征数据告诉它，包括睡眠、压力、饮食和疼痛，卫护将这些信息传达给后台的超级计算机进行处理，并传达给背后的医疗机构，医生可在具有无线网络的世界任何地方用台式、便携电脑、手机等远程遥控和驱动千里之外的机器人与患者进行面对面交流、给患者做检查。卫护体内内置电脑系统，可解读、接收和传输各种信号；同时安装有摄像机和屏幕，可智能对话；底部万向轮可按照主

人（患者或远程医生）意愿自由移动，主人也可以用操纵杆近距离或远程控制机器人头部的屏幕和摄像机角度（图3-8）。

图3-8　卫护远程医疗机器人

卫护远程医疗机器人主要有医—医、医—患两种模式。医—医模式时可实现医护人员之间的互动，如远程会诊、指导社区医生进行教学查房、临床技术培训等，实现强基层、分级诊疗的医疗体制改革；医—患模式中，医生与患者间可无缝对接，相当于医院派了位医生在患者家里值班，可远程疾病随访、健康咨询、远程就医及护理，实现便民居家疾病护理和健康管理。卫护远程医疗机器人也可协助特殊医疗，派遣到一些危险地带，如对埃博拉患者进行远程咨询和指导。

虚拟护士系统是多项技术的融合和实现，最简单的控制方式是根据语音自动识别系统，识别被照顾对象的语音指令，并根据其语音指令执行相应的动作。而其他包括定位导航、机器人运动控制、后台调度管理、多传感器数据融合等技术都是虚拟护士系统真正应用的核心技术。

同步定位与建图（SLAM）：也称为即时定位与地图构建，是指将一个机器人放入未知环境中的未知位置，如何能够让机器人一边移动一边逐步描绘出此环境完全的地图，并根据所绘制的地图指引机器人不受障碍地行进到地图中任意位置。它的最基本目的是希望机器人能够知道自己在哪里，知道自己在什么环境中及下一步如何自主行动。而要实现同步定位与建图，则需要配置多种传感器和多种功能模块，从而生成自身位置姿态的定位和场景地图信息数据，机器人的SLAM能力的高低直接影响其行动和交互能力。目前基于激光雷达的SLAM和基于视觉的SLAM是机器人SLAM最主要的两种形式。

多传感器数据融合技术：多传感器数据融合技术类似于人脑通过身体各种器官探测多种环境信息能力的模拟。它不同于一般信号处理和单个或多个传感器的监测和测量，而是基于多个传感器测量结果基础上的更高层次的综合决策过程。这种技术能够将不同位置、不同种类的多个局部传感器数据加以综合，消除多传感器信息之间可能存在的冗余和矛盾，加以互补，降低其不确实性，获得被测对象的一致性解释与描述，从而提高系统决策、规划、反应的快速性和正确性，使系统获得更充分的信息。

# 第四章

# 老司机驶向何方

# 1. 无人停车场的运作原理

随着自动化技术越来越深入我们的生活，线上支付、人脸识别、无人驾驶等一系列技术喷涌而出。那么，你有听说过无人停车场吗？

日常中我们见到的停车场，一位收费员，记录着你的停车时间，由此收费。这样的方式需要额外的人力（收费员），而且人工记录车辆进出还很有可能出现错误。因此，便有了无人停车场。部分停车场，已经实现了由相机拍摄采集车牌号的功能，这便是最初级的无人停车场，由计算机根据采集的车牌号信息计算应该收取的费用，将人工收费由支付宝、微信等线上收费取代。司机们自己用手机买单，从而进出停车场。这样的运作方式节省了人力物力成本，而且也不会使得收费出现计算错误，对于停车场运营管理方来说是相当划算的。

然而，这样的初级无人停车场却给用户们带来了很多小问题，如不习惯手机支付的人们会在入口处停留很长时间，使得车辆队伍拉长；还有在网络或者硬件出现小问题的时候导致停车场短时间无法继续运作等。这些问题一方面从无人停车场的普及开始来解决，另一方面要从无人停车场技术和通信方面去解决。相信假以时日，在不远的5G时代，无人停车场可以彻底地普及开来。

当然了，智能化的进程不可能仅仅是线上支付与识别车牌号这么简单，更高级的无人停车场正在快步的研究当中。停车场的空间十分有限，如何用最小的空间停下最多的车辆成为一个很重要的问题。这就涉及停车场内车辆的管理，如何停车？如何规划好进入停车场与开出停车场车辆的路线？为了解决这些问题，初级无人停车场的升级版——智能停车场出现了（图4-1）。

图4-1　智能停车场

智能无人停车场中停放的车辆都不是停放在地面上的，而是停放在一个可以自由移动的小平台之上。用户只要将车辆停放在停车场入口处的小平台之上，这个小平台便可以载着车辆移动到相应的停车位置。这种智能停车场与传统停车场的最大区别是它的内部完全由计算机控制，所有车辆由计算机控制停车位置与进出停车场路线，传统停车场则是由用户或管理员选择停车位置的。这样的好处是可以通过计算机最优化计算，使停车场空间的利用率达到最大化，且用户不需要记住自己的停车位，只需要在固定的位置等待移动平台将自己的车子送走或是送回来就可以了（图4–2）。

图4–2　智能停车场

目前已经在使用中的无人停车场实际上还没有达到完全的24小时无人值守的状态，只有在夜间车辆较少的时候会进行使用，日常情况下还是有一个值班人员进行看管的，以备有不熟悉手机支付的用户，让他们有一个人工收费的选择，同时防止机器及网络出现故障或者是车牌号识别出现问题。未来几年内，这种停车场一定会成为主流，只是硬件和智能识别系统上还会进行非常大的升级，总而言之效果会越来越好，同时也会越来越被人们所接受。

智能无人停车场目前还处于研究阶段，所需的材料和运营成本还非常之高，虽然它能极大地增加停车场的空间利用率，但不太可能在短时间内普及，希望在不远的未来能见到这种智能停车场的普及。

## 2. 无人驾驶汽车的奥秘

近年来，随着物联网和人工智能的快速发展，并逐步向汽车行业渗透，无人驾驶技术得到了迅速的发展，由此无人驾驶汽车登上了时代的舞台。原本只存在于科幻小说或电影中的无人驾驶汽车已成为现实，并且在不久的将来无人驾驶汽车将会出现在寻常百姓家。可是无人驾驶汽车到底是怎么驾驶的呢？它是怎么能够躲避障碍物的呢？

无人驾驶汽车，顾名思义，是一种没有驾驶员操作的智能汽车，主要依靠车内的以计算机系统为主的智能驾驶仪来实现此功能，它又可称为自动驾驶汽车。无人驾驶汽车能够安全可靠地在马路上行驶，其中的奥秘就在于：利用车载传感对车辆的外部环境进行感知与识别，然后对获取的车辆位置、交通信号、道路状况以及周围障碍物等信息进行分析处理，从而调整汽车的速度和方向，以便汽车更好地行驶。

无人驾驶汽车的系统组成主要包括以下几个方面：车载雷达、车载电脑系统、激光测距仪、微型传感器、摄像头等（图4–3）。

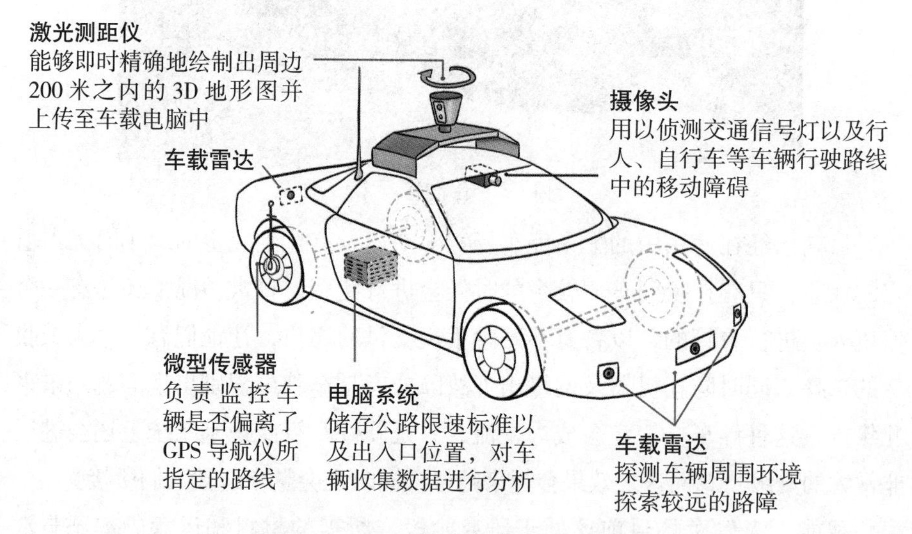


图4–3 无人驾驶汽车的系统结构

无人驾驶汽车在驾驶的过程中需要感知车辆和周围物体之间的距离，这时候激光就要发挥作用了。无人驾驶汽车的车顶安装了激光测距仪，这个激光测距仪可以发射激光，通过记录激光从发射到反射回来的时间，然后电脑系统便可根据时间的长短来计算出车辆和物体间的距离。

从图4–3我们可以看到，无人驾驶汽车的前后方都安装了车载雷达，这些雷达就是为了让车辆避开道路中的障碍以及提前做好预防准备的。为了更好地探测路障，无人驾驶汽车前方安装了三个车载雷达，后方安装了一个车载雷达。安装在车前的三个车载雷达，能够探知车前方是否有障碍物或者路口，并及时把获取到的信息传递给车载电脑系统，接着电脑系统对数据信息进行分析判断和处理，并作出相应指示操作。安装在车后方的雷达探测可以在车辆变换车道时或者车辆倒车时观测到左右后方是否有车，以防止车辆之间发生不必要的撞击。

要保障无人驾驶汽车在道路上正常行驶，必须在车头安装摄像头来对道路地面进行分析判断。还有安装在车辆上的微型传感器，它能够检测到车辆是否按照GPS导航仪指定的行驶路线进行行驶，接着电脑系统根据检测到的结果再做出下一步的操作指示。车载摄像机是用来捕获交通信号灯以及车辆行驶的道路信息等重要数据的。同时无人驾驶汽车在车辆底部安装有雷达、超声波、摄像头等设备，这些设备能够检测出车辆行驶的即时速度等一些重要数据，这对于精确计算行驶车辆的具体位置具有重要意义。这样，车载雷达、摄像头、激光测距仪、车载电脑等设备共同组成了无人驾驶的运行系统，各个部分相互配合协作，从而达到无人驾驶的目的。

国外在20世纪50年代就开始了对无人驾驶汽车的探索研发。我国对无人驾驶汽车技术虽然研究起步较晚，但一直在循序渐进地推进之中。2011年7月14日，由国防科技大学自主研制的红旗HQ3无人驾驶汽车首次完成了从长沙到武汉286千米的高速全程无人驾驶实验，这是中国自主研制的一款无人车，创造了我国自主研发的无人驾驶汽车在一般交通状况下自主驾驶的新纪录。

近年来，百度在无人驾驶技术方面发展迅速，不断实现新的突破，推动无人驾驶汽车发展进入新的运行轨道。2015年12月，百度无人驾驶汽车完成了北京开放高速路的自动驾驶测试，这说明无人驾驶技术已走出了研发实验室，正式落到实处。2018年4月20日，美团和百度已经达成协议，计划在雄安开始试点无人驾驶送餐。同年11月1日，在百度世界大会上，百度与一汽共同发布4级无人驾驶乘用车。

无人驾驶汽车是未来汽车发展的方向，是引领汽车行业发展的又一风向标。无人驾驶已不再神秘，相信在不久的将来，无人驾驶汽车将会进入平常百姓家，走进我们每个人的生活。无人驾驶汽车从根本上改变了传统车辆的

控制方式，可大大提高交通系统的效率和安全性。另一方面，目前仍有一些问题制约着国内外无人驾驶技术的发展，比如安全问题、法规伦理等。这些制约因素就要求我国在未来无人驾驶的研发设计中不断寻求创新，制定相应的法律法规，充分考虑风险因素，以便设计出技术更加先进、功能更加完善的无人驾驶汽车！

## 3. 车联网技术

在当前信息时代背景下，无论是生活还是工作都已经离不开互联网的支持。随着科技发展，互联网又延伸出了物联网的概念。物联网是一种建立在互联网上的泛在网络，物联网技术的重要核心就是互联网，通过传感器技术和中央处理器分析数据，将世界万物包括人在内通过新的方式联在一起。随着云计算和大数据相关技术的不断完善与成熟，物联网在生活中也将会得到越来越多的应用。

车联网的概念引申自物联网，某种意义上车联网是物联网的一个具体应用。传统的车联网主要是通过无线射频等识别技术检测车辆上的电子标签，主要是提取车辆的静态信息和部分动态信息，根据不同的功能需求对车辆进行监管与提供综合服务的系统，比如对车牌信息的识别。

但是根据物联网的定义我们可以知道车联网和物联网的本质都要尽量地避免人的参与，车联网能够实现的功能绝不仅限于只获得车辆的属性来提供监管和服务。根据车联网产业技术创新战略联盟的定义，车联网是以车内网、车际网和车载移动互联网为基础，按照约定的通信协议和数据交互标准，在车-X（X：车、路、行人及互联网等）之间，进行无线通信和信息交换的大系统网络，是能够实现智能化交通管理、智能动态信息服务和车辆智能化控制的一体化网络，是物联网技术在交通系统领域的典型应用。

车联网依靠自己的通信协议，能够在车与人（V2H）、车与车（V2V）、车与路（V2R）、车与网（V2I）之间进行无线通信和信息交换。它首先是一个大型的信息交换网络，为乘客的车辆驾驶员提供在线导航、远程诊断、安全、娱乐等服务，需要设备高度集成、信息高度融合、平台足够开放和运营互联网化。其次在无人车时代，车联网还应该能够实现对车辆的具体控制，这样对于信息的准确度就要比信息交换要求更高了。

车联网（V2X）能够极大地促进汽车行业的创新，无论是在国内还是国外，商业领域还是政府部门，都已经得到了足够的重视。但车联网在国内的起步与国外相比较晚。20世纪60年代，日本就已经开始了车与车之间的通信。21世纪初，欧美等国也陆续启动了多个车联网项目。2007年，欧洲6家汽车制造公司成立了Car2Car通信联盟，尝试建立开放的欧洲通信系统标准，实现不同厂家汽车之间信息的相互传递。2009年，日本的VICS车机装载率已达到90%。2010年，美国交通部发布了《智能交通战略研究计划》，其中对于美国车辆网络技术的发展提出了详细的规划和部署。

与国外相比，我国的车联网技术直至最近10年内才刚刚起步，但也已经获得了不错的发展。好帮手、城际等公司也正在逐步推出汽车网络产品，能够实现基本的导航、救援等功能。随着近几年移动通信技术的发展，2013年国内汽车网络已经能够做到基本的实时通信，如实时导航和实时监控。紧接着，3G和LTE技术开始应用于车载通信系统以进行远程控制。2016年9月，华为、奥迪等公司合作推出5G汽车联盟(5GAA)，并与相关公司和机构共同开展了一系列汽车网络应用场景。此后两年，国家颁布多项方案，将车联网提到了国家创新战略高度。

中国品牌汽车虽然在内外饰设计、动力总成匹配等传统汽车的核心竞争力方面与国外还有些差距，但在车载互联网系统上却给用户提供了不错的体验。这也得益于汽车公司与互联网公司的有效配合，无论是操作系统还是导航地图，都是互联网公司擅长的技术领域。比如斑马系统就是由上汽集团和阿里巴巴联合打造。“你好，斑马”几乎已经代表了当下的汽车智能中控系统，斑马系统最大的特点就是语音控制功能。此外，斑马系统还融合支付宝，可以支付车辆相关费用，比如停车费等。

智能车载系统在车联网中有一项主要工作就是人机交互，因此一定要能够做到人性化，进而实现更高层次的智能化。通过车况自动检测、语音和手势控制、远程控制等技术接近实现智能手机般的用户体验。长安“InCall”智能行车系统是结合即时通信技术进行在线交互等最新的智能车载无线终端技术。它可以实现行车导航、车载通信、天气情况、影音娱乐、生活服务、资讯服务、安全保障7大项26种功能。

但是，目前车企的车联网系统虽然噱头足够，但更多还是停留在信息交换方面，在中央信息处理方面做得还远远不够。

## 4. 人工智能“收费员”

随着技术的发展，不难想象的是，传统的收费站将有相当大的一批收费员要被人工智能抢了工作。曾经的“铁饭碗儿”，如今也变得极不稳定。如今势头正盛的人工智能，正是时代进步的结果，新兴科技的发展也必然会淘汰以往效率低、效益差的老旧手段。

有关部门曾宣布，未来在高速公路的收费站将使用智能化收费手段，计划将ETC、视觉识别、无感支付等人工智能技术应用于其中，全面推出无须停车的收费系统——也即人工智能“收费员”，取代传统的“铁饭碗儿”——人工收费岗位。而目前，在陕西省、河南省等部分地市，已经撤销了人工收费员，改用“智慧收费站”（图4-4）。

图4-4 秦汉收费站“智慧收费站”

近年来，ETC自助缴费车道已经大范围普及，但是对于车主来说，ETC可能会产生以下缺点：前期办理ETC的时间成本与经济成本太高，ETC的发票获取不方便，部分车辆ETC使用有问题，原本想节省通行时间，反而耽误了通行时间，同时也会大大增加在高速公路的收费站站口出现事故的可能性。

而随着科学技术的进步与发展，人工智能算法的配套使用，使得高速公路收费站的不停车收费系统有了更多可能性。总的来说，利用视觉识别、图像检测等人工智能技术，可以在车辆行驶的动态过程中，快速高效准确地识别车牌号，而且人工智能算法还可以用来解决错读、漏读车牌号的问题，大大降低车主误付款的概率。当摄像头扫描到车牌，运用视觉识别技术对比与识别车牌，然后通过云端大数据进行查询，从车主事先绑定的支付宝、微信、银联等支付账号，自动从相应的账户实现快速准确扣费。

而人工智能“收费员”具体是如何实现的呢？运用到的技术又有哪些？

人工智能“收费员”，主要由5.8吉赫兹 DSRC微波读写单元、视觉识别与视频处理平台、集成工控云终端、无感支付等核心部件组成。当车主驾驶车辆经过高速公路收费站的入口与出口，以及高速公路某些路段的特殊的识别标识点时，人工智能“收费员”通过DSRC微波读写单元，创新采用射频信号分集吸收等前沿的通信技术，实现对车辆车载电子标签OBU的智能定位，并通过毫米波雷达成像技术，结合视觉识别技术与视频处理平台等人工智能技术，智能识别车辆的型号、款式、颜色、车牌号等特征，将这些信息与OBU中车辆存储的信息数据进行对比，5.8吉赫兹 DSRC微波通信与OBU车载电子标签的交互，可以避免“套牌”“假牌”等逃费情况的发生。而在识别通过后，将会通过无感支付，从车主的账户中扣除相应费用。在这一过程中产生的所有数据与信息，都将自动进行存储，集成工控云终端便是存储的平台，这一平台后期将会扩展应用于交通指挥方案的设计、刑侦破案等方面。

综合上述简介，我们已经大致了解了人工智能“收费员”的工作流程。其中运用的核心技术主要包括5.8吉赫兹 DSRC微波通信、视觉识别与图像检测、分类技术，毫米波成像技术、无感支付技术等，后期的扩展应用中，应用到的技术有数据挖掘技术等。下面将进行详细介绍：

（1）人工智能图像视频识别技术

当车辆经过高速公路收费站出口时，人工智能“收费员”会对车辆进行拍照、录像与识别，并调取收费站入口与车辆经过的特殊路段识别标识点时的车辆数据信息，与此时5.8吉赫兹 DSRC微波读写单元获取的车载电子标签中的信息进行匹配，当二者信息一致的时候，无感支付，扣除车费；当二者信息不符时，也就说明车辆存在逃费现象，这时人工智能“收费员”会立马发出警报。此技术的应用，将会杜绝“大车小标”“假冒套牌”等逃费现象。

（2）无感支付技术

“无感支付”的另一个名字就是“车牌付”，也就是说车牌可以作为司机的支付卡。车主只要事先将车牌进行扫描，绑定指定的手机App或者支付宝、微信账号，设置金额上限。当车辆经过收费站时，一旦智能设备的图像识别技术辨认出车牌，并与系统中相应信息进行匹配，达成一致以后，自动从对应账户中扣除费用。

对于高速公路收费站来说，无感支付大大降低了运营、人力与管理成本，提高车辆通行效率，并降低了车辆的有效交易时间；而对于车主来说，无感支付的结果就是，车主在经过收费站时可以无须排队，也无须拿出手机、现金进行支付，收费时间可缩短至3秒。

（3）人工智能数据挖掘技术

集成工控云终端中蕴含着大量交通信息，同时也会实时采集信息并进行更新。通过人工智能技术训练与挖掘海量历史数据，从中得到有用信息，可以帮助交管部门制订全方位多维度的交通指挥预案，智能调度交通资源，实时预警高速公路的拥堵情况。

（4）人工智能车辆管理辅助稽查

此技术采集大量出行者、车辆信息，实现快速、准确搜车，可供后续智能交通稽查，辅助刑侦破案，与原有的人工稽查相比，大大提高稽查效率。

而这些，在未来都将会是平常可见的。在未来，人工智能的应用远远不止这些。人工智能收费，配合即将到来的5G通信技术，再配备强大的分析系统与跟踪系统，可以实现车路感知协同化。而现在研发正热的无人驾驶技术，将来也可以实现在高速公路的自动驾驶，人工智能收费将来也会配合无人驾驶技术进行提升。当然，这是研究和应用领域的挑战，需要学术界与工业界的共同努力。

## 5. 神秘的蜘蛛侠特种六足机器人

随着智能控制领域的快速发展和机器人的广泛应用，人们期望机器人具备更强的自主操作能力，在更多领域代替人类完成更加复杂的操作任务。六足机器人是通过模仿螳螂、螃蟹等多足生物的外形结构及运动学原理设计而成，同时设计者又希望六足机器人像电影《蜘蛛侠》里面的主角一样，在危机时刻拯救人类，给大家带来幸福感和安全感，所以很多人称其为蜘蛛机器人或蜘蛛侠机器人。

在人类赖以生存的地球上，绝大多数环境都是凹凸不平的非结构环境，甚至存在一些人类无法到达的地方和可能危及人类生命的特殊场合，如战争留下的地雷区、地震后的灾区、火灾第一现场、灾难发生的矿井、防灾救援和反恐斗争等。如何对这些具有一定危险的环境进行不断地探索和研究，寻求一条解决问题的可行途径成为人们关注的问题和科学家们的研究热点。

地形不规则和崎岖不平是这些环境的共同特点，从而使汽车一样的轮式机器人和拖拉机一样的履带式机器人难以在凹凸不平的复杂路况下移动和运输。科学家们研究表明汽车一样的轮式移动方式在公路这样平坦的地形上行驶时，速度比较快而且行驶平稳，结构和控制也较简单，但在不平地面上行驶时，能耗将大大增加，而在松软地面或严重崎岖不平的地形上，车轮的作用也将严重丧失，移动效率大大降低。为了改善轮子对松软地面和不平地面的适应能力，坦克、拖拉机一样的履带式移动方式应运而生。但这样的移动机器人在不平地面上的机动性仍然很差，行驶时机身晃动严重，而且地形适应能力较差。

六足移动机器人与轮式、履带式移动机器人相比在凹凸不平的路面具有独特的优越性能。六足移动机器人的运动轨迹是一系列离散的足印，运动时只需要离散的点接触地面，对环境的破坏程度也较小，可以在可能到达的地面上选择最优的支撑点，对崎岖地形的适应性强，可以像蜘蛛和螃蟹一样到处爬行移动。

六足机器人外形和机械结构的制作需要进行仿生学研究。研究六足生物时，可以用高倍摄像机拍摄记录蜘蛛、螃蟹每条腿的长度比例、粗细以及它的运动状态，再通过三维建模和力学仿真分析，从蜘蛛和螃蟹的行走方式中获取机械结构和运动学设计，从人脑神经中枢的运作模式中借鉴控制算法和驱动模式设计，完成了结构设计，制作出机器人的样机。

在仿生学研究生物的时候，如六足昆虫有三对腿，在前胸、中胸和后胸各有一对，我们相应地称为前腿、中腿和后腿。每条昆虫的腿都由基节、转节、腿节、胫节、跗节和前跗节几部分组成。基节是昆虫腿中最基部的一节，多粗短。转节常与腿节紧密相连而不活动。腿节是其中最长最粗的一节。第四节叫胫节，一般比较细长，长着成排的刺。第五节叫跗节，一般由二至五个亚节组成：为的是便于行走。六足机器人根据地面支持足的数量，分为三足、四足和五足步态。其中三足步态是六足动物稳定行走时，移动速度最快的一种步态，其最大特点是移动过程中每一步是三条腿在地面，形成稳定的三角形支撑结构支撑机器人的重量，另外三条机器人腿抬起、摆动、落地并形成一个新的三角形支撑结构，如此交替，广泛应用于六足机器人移动步态规划，其腿部状态只有两种：支撑状态和摆动状态。

科学家最新研制很多功能非常强大的六足机器人。比如美国宇航局研发的全地形六足地外探测器机器人（ATHLETE），它在未来月球基地建设和发展中充当着至关重要的角色。美国宇航局指出，ATHLETE 机器人（图4-5）顶部可放置15吨重的月球基地装置，它可以在月球上任意移动，能够抵达任何目的地。当在水平地形上时，ATHLETE机器人的车轮可加快行进速度；当遇到复杂的地形时，其灵活的六条机器人腿可以变速并适应各种地形，相当于月球表面的移动城堡。

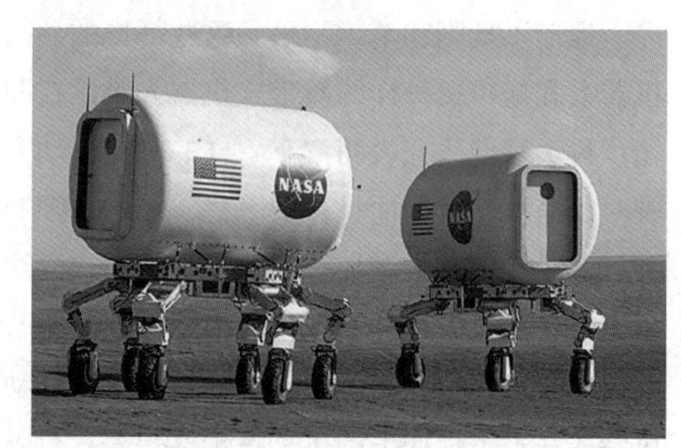


图4-5 ATHLETE机器人

我国也有很多知名的六足机器人，比如南京大学、西南科技大学和南京蜘蛛侠智能机器人有限公司等单位参与研发的大型、中型和小型三种型号的基于机器视觉与自主导航的蜘蛛侠全地形特种机器人（图4-6、图4-7），入选了2018年中国双创活动周颠覆性创新榜，可用于地震、火灾、矿难等灾

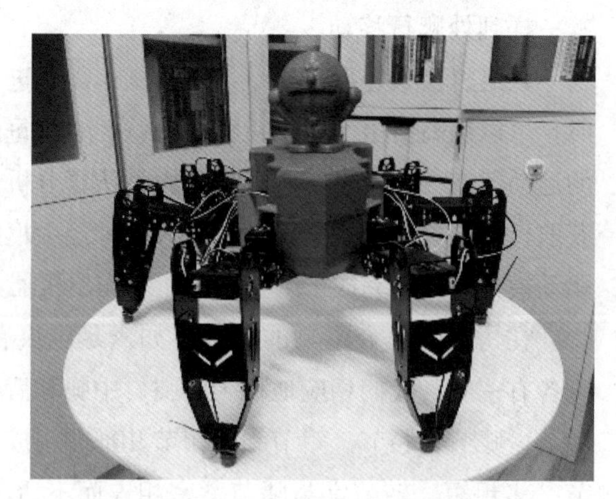

图4-6 中型蜘蛛侠智能机器人

图4-7　小型蜘蛛侠智能机器人

后的侦查救援工作。

当地震发生之后，救援队在第一时间通过直升机把小型机器人投放到灾区，了解灾区情况并反馈到指挥中心。它们携带生命检测仪，巡逻灾区，检测伤员，并把伤员情况和路况信息反馈到指挥中心。待这些作业完成后，我们的小型机器人将启动对话功能对伤员进行安抚，提供一些基本的自救措施，给他们传递温暖和希望。整个救援过程是一群机器人相互协作展开，主要利用机器人的集群技术来实现联动救援，提高救援效率。

指挥中心是整个救援行动的大脑，首先由机器人完成基本作业（图像技术识别灾情、智能对话传播灾情），然后由指挥中心利用一系列辅助手段，对一线的机器人提供信息增援，制定下一步的救援策略，在这样一个不断深入的信息交互过程中，逐步推进灾区的救援工作。

随着科技的发展和进步，机器人将成为我们生活中的一部分，掌握机器人核心技术，让中国成为人工智能强国，我们一起努力奋斗！

# 第五章

# 教育智能化引领我们的学习

## 1. 改善出勤率

智慧课堂侧重于利用视觉图像数据智能分析技术，通过摄像头监控课堂环境的教学主体（学生）的学习状况。典型技术包括人脸检测和识别技术。以往教师口头点名的模式具有很大的随机性，这就使许多学生产生侥幸心理，造成出勤率较低这一现象。所以经由智慧课堂的点名系统进行实时考察，以人脸识别取代传统人工考勤的方式，解决了学校以往考勤管理工作中出现的问题，为学校的考勤制度实施提供科学的依据。

具体实现方式是由外部摄像头与内部识别系统协同合作，系统后台提前录入所有学生的面部信息与身份，当已登记的学生从摄像头前走过或是在座位上落座，摄像头会迅速捕捉学生的面部信息，精准采集之后，用发展成熟的人脸识别算法对比采集到的学生面部信息照片特征值和数据库中预存的所有学生的照片特征值，对应识别之后，则考勤签到成功。最后将结果传输到后台进行记录，进而统计得到当堂课程的出勤率与缺勤名单。该技术的使用不仅能够达到较高精度的面部识别，同时也能使教师快速掌握学生出勤情况，省去了教师点名的时间。

已投入使用的解决方案包括：上海交通大学分别于2016年和2018年暑期建设了17间智慧教室，这批教室具备智能控制、记忆白板、云录播和考勤系统等功能，课堂上不需要教师进行点名，系统直接可以依据学生人脸信息统计出勤率并进行记录汇报，方便教师实时掌握课堂出勤人数，大大提高了课堂出勤率。

## 2. 改善课堂效率

学生的兴趣程度能反映学生的学习状态，也是影响学习效果的关键因素。面部表情的分析与识别，是实现智慧课堂的一个重要方面。通过表情识别系统可以有效帮助教师及时了解学生情绪，更好地进行教学活动。表情识别的关键在于建立表情模型和情绪分类，把学生的面部特征和表情变化与学生对于当下所讲述的知识内容和理解程度联系起来，后台自主进行统计得出学生对于某时段教学体验的直观感受。

智慧课堂通过监测学生的五官变化判断其表情和情绪，结合教师教学的现实情况，帮助教师及时得到学生的反馈信息，并且根据这些反馈信息尽快调整自己的教学方法和内容。例如，当系统监测到学生眉毛抬起、眼睛睁大时很可能表示此学生对现在所教内容表示惊奇，同时也表明教师所教授的内容勾起了学生的兴趣；当系统监测到学生的眉毛压低、嘴角下拉时，很可能表示学生对现在所教内容感到厌倦，教师便应据此及时调整教学模式，根据此情况及时与学生沟通，调整难度或者进行进一步细致的教学；当系统监测到学生嘴角抬高、脸颊抬起时，很可能表示此学生现在处于兴奋状态，可能因为听懂了所学内容或者有了更加有趣的想法，教师便可以根据此种反馈肯定自己的教学内容和模式。总体来说，智慧课堂运用的面部表情分析系统可以帮助教师更好地完成教学任务，节省了大量的时间和资源。

已投入使用的解决方案包括：2012年，四川大学启动“智慧教学环境建设工程”，先后投入了2亿元，全面推进“智慧教室革命”，打造了400多间智慧教室，共包含了多视窗互动教室、多屏研讨教室、网络互动教室、手机互动教室、灵活多变研讨教室、远程互助教室、专用研讨教室等7种类型。在这些教室上课教师可以及时获取学生的情绪状态，针对性地进行课程内容调整，提高了教师授课效率。

## 3. 改善课堂专注度

视觉信息是人与环境交互的主要媒介，也使得眼睛最能反映一个人的心理和生理活动状态。比如，人的关注力和关注焦点表现在瞳孔的收缩与放大、瞳孔的转动位置、眼睛的闭合状态等，更主要的是眼睛的表现通常是在无意识非主动控制情况下的自然表露。分析眼睛的状态信息成为智慧课堂的又一个关键因素。

课堂教学中最典型的问题是教师与学生无法保持信息交互的一致性，具体表现形式为学生“走神”了，这成为课堂教学过程检测的难点。而平时每个教师面对几十个学生的教学，对于每个学生细微眼神的观察和把握是极难做到的。在智慧课堂中，我们可以通过分析学生瞳孔的状态以及位置的变化，评估学生对新知识的理解掌握程度，并据此实时修改教师的教学策略。如果学生某时刻专注在之前的教学内容，极有可能说明他理解速度较慢没有跟上进度，如果大部分学生都是如此，说明教师的教学速度过快，难度较大，需要进行适度调整。在考试时，如果学生左顾右盼、不敢直视或长时间低头，极有可能说明他在进行作弊行为，系统便可以提醒教师多留意这些学生。智慧课堂利用计算机和人工智能帮助教师进行实时监测与反馈，最后记录数据使教师可以课后回顾并针对性地修改授课方案，提高授课效率，节省更多时间用来进行教学教研。

## 4. 我也想上这节课

人工智能尤其是图像理解、语音识别、自然语言处理、逻辑推理等方面的高速发展，使得虚拟现实（Virtual Reality，VR）与增强现实（Augmented Reality，AR）技术有了应用于教育的技术支撑。如今，很多课堂上的学习，无法做到让学生身临其境地感受知识，这在一定程度上削弱了教育的深刻性。而VR/AR便展现出了自己的优势，其可创造出一种模拟环境，生成逼真的三维视角，让学生在互动中身临其境地学习知识。

目前，国内许多中小学校分别搭建虚拟现实功能教室，通过虚拟现实技术打造互动式教学方案。建设模式往往包括了桌面VR、沉浸式VR、PC仿真、Pad仿真这四种表现形式，构建VR教室（图5-1）一般包括以下五个部

| | | |
|---|---|---|
| 沉浸系统 | · 沉浸系统包含：头戴式显示设备、主动立体投影机、投影屏幕、边缘融合器、音响设备等设备 |  |
| 交互系统 | · 通过虚拟现实交互设备的操作，在虚拟环境中进行交互，模拟真实操作中与设备的真实互动 | 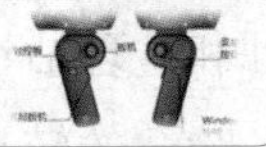 |
| 运算系统 | · 高性能图形工作站 |  |
| 位置追踪系统 | · 位置追踪系统作为系统的辅助，为显示系统和交互系统提供实时定位信息，使操作者的观察位置和手部动作与画面显示内容完全同步 |  |
| 显示系统 | · 环幕显示，可以从各个角度观看到展示内容 |  |

图5-1 VR教室

分的内容：

将VR/AR运用在教育中（图5-2），想象空间是不可估量的，益处也是显而易见的。课堂将不再局限于小小的教室、白板和PPT，可以在有限的教室中模拟多种场景，开展多种实验体验活动。例如：心理类的高空断桥拓展训练，校园安全类的地震逃生，生物实验——研究土壤微生物对淀粉的分解作用等。很多企业包括互联网巨头谷歌和Facebook，都倾注了不小的精力研究如何将VR/AR应用到教育中。

图5-2　智能课堂

案例1：位于爱尔兰的“Immersive VR Education”就是一家专注于开发VR/AR教学内容的公司。其旗舰产品之一是“阿波罗11号 VR”，用户只要带上VR眼镜，就可以“亲身”体验阿波罗11号登月的整个过程。不用多解释，这样的经历一定比教师在课堂上苦口婆心说几个小时的效果要好得多。

案例2：另一家叫“Alchemy VR”的公司为了将VR场景做得尽可能逼真，选择和诸如三星、谷歌、索尼、BBC、英国国家自然博物馆、澳大利亚悉尼博物馆等多家机构合作制作VR教育内容。这家公司制作的“大堡礁之旅”就是和BBC纪录片团队合作的产物，让全世界各地的学生都有机会潜入澳洲湛蓝的海水学习珊瑚礁的生态环境。

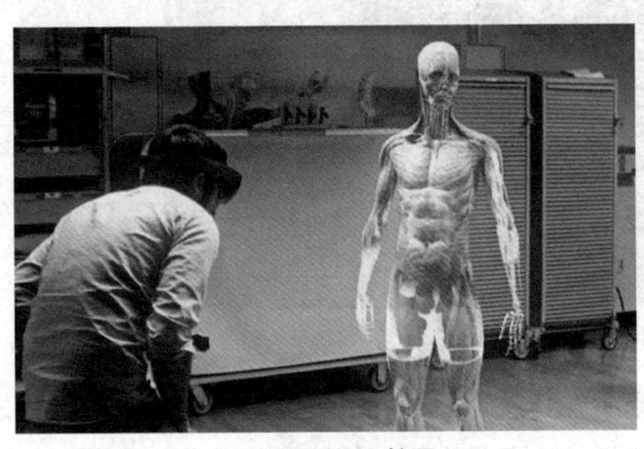
图5-3　智能教具

AR技术能够通过对所有物体及场景进行模拟仿真，再投射到现实场景中，让很多抽象难懂的概念内容都变得直观、清晰。如今已经有很多科技企业开始布局增强现实技术AR教育，众多智能教具（图5-3）也相继被开发出来，并投入使用中。例如：医学人体骨骼AR教学展示系统、环保宣传AR展示系统、机械拆装AR系统、交通AR系统等，这些AR系统都深深地吸引着人们的关注，给学生提供知识的同时也带来了无限的乐趣。

此外，人工智能技术与VR的结合也为在线教学提供了新的解决方案，即它可以最终为大规模在线课程（MOOC）提供高质量、大众都可以参与的在线学习，一定程度上解决教育程度不高的人群参与和完成比例过低的问题。教育的本质是言传身教，所以教师课堂教学一直都是教育方式的主流，这也是网络教学没能代替课堂教学的原因之一。在线课程，只有言传，没有身教，而身教却是人们最本能的学习方式之一。像刚出生的孩子，大多都是通过感知模仿周围大人的行为和语言来学习一样，模仿学习是人们学习中非常重要的一环。

传统在线教学方案是教师通过屏幕与学生相连，虽然扩大了教学资源，但教师无法及时得到学生们的反馈并因材施教，虚拟课堂的出现则可以很好地解决这一问题。学生与教师通过虚拟技术共处在同一个虚拟课堂中，教师讲课的同时可以与虚拟课堂中的学生们进行互动，充分发挥学生上课的积极性，便于教师因材施教，及时调整教学方案。对学生来说，与其独自坐在电脑屏幕前，不如戴上VR设备，与同学和教师在虚拟教室里学习，这样的远程学习会带给学生一种存在感，学生会觉得自己“参与其中”（图5-4）。

图5-4　虚拟教室

然而教师不可能实时在线为学生服务，学生学习则是具有随时性的，这时候录下教学的VR视频固然可行，但是在人工智能时代，我们有着更好的选择，人工智能现如今可以“理解”图像、语言、文字、情绪等，有着丰富的知识储备，足以胜任简单的教学任务，做到一对一的个性化辅导，在VR/AR技术的支持下，甚至可以以假乱真，完成真正教师才可能完成的教学任务。

## 5. 在家也能上课啦

随着我国经济的飞速发展，教育信息化也得到了迅速发展，原有的面对面传统教学方式已经渐渐满足不了日益丰富的各种教学形式的需求。信息化已逐步从硬件基础设施建设转向以应用和资源建设为主的阶段，远程教学日益兴起。

（1）教学的四个阶段（图5–5）

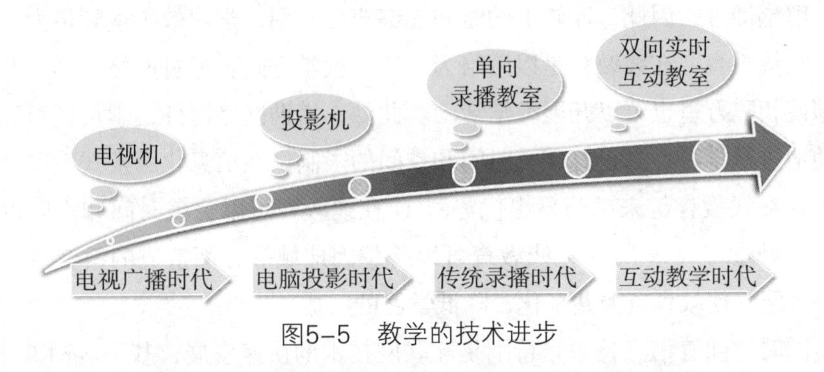


图5–5　教学的技术进步

电视广播时代：20世纪50年代到60年代，国家对于教育的投入加大了图像表述的应用，有效地结合电视机在课堂上的应用来达到声音、图像在课堂中的表现，从而满足教师、学生的课堂开展。

电脑投影时代：20世纪80年代，教育信息化增加了PC、投影等功能，极大地丰富了教师教学的手段，同时增加了学生在获取知识时的趣味性、直观性。

传统录播教室时代：2004年开始，教育信息化的推动加大，促使了国内外许多厂商开始录播教室的研发并投入到市场，主要结合原有的班班通设备完成教师授课的资源存储、广播。

互动教学时代：2012年，国家提出，基本建成人人可享有优质教育资源

的信息化学习环境，国家对于教育信息化后期的发展定位在存储、广播、交互、共享。因此，互动教学时代真正的开启，也是我国对于教育信息化发展的未来趋势。

（2）教育信息化的几点发展趋势

反转教育：反转教育是科兴教育提出的一种新型教育方式，反转教育最主要的特点，就是在家或寝室学习（通过网络课堂），在课堂答疑提高，与常规教育方式正好相反。反转教育之所以能够出现，是由于电脑和互联网的大量普及，学生可以通过互联网使用优质的教育资源，不再单纯地依赖教师在课堂上教授知识，而课堂和教师的角色因此发生了变化。教师更多的责任不再是把知识传授给学生，而是去回答学生的问题、检测学生的水平、并引导学生去运用知识。师者，所以传道、授业、解惑也，而反转式教育，使得学生可以通过网络课程自行接受“传道、授业”，而课堂上的教师只需要集中精力进行解惑即可，因此，课堂上的时间能够充分利用，学习效果达到最大化。

在线教育：在线教育是以网络为介质的教学方式，通过网络，学员与教师即使相隔万里也可以开展教学活动。此外，借助网络课件，学员还可以随时随地进行学习，真正打破了时间和空间的限制。在信息化爆发式发展的趋势下，在线教育越来越凸显出优势：① 在线教育可以突破时间和空间的限制，提升学习效率。② 在线教育可以跨越因地域等方面造成的教育资源不平等分配，使教育资源共享化，降低学习的门槛。

同时，随着信息技术，特别是互联网技术的快速发展，基于web1.0时代的“线下在线教育”全面进入基于“实时在线教育”的web2.0时代。在线教育更多体现出“社交化”。

云教育：基于“云计算”技术的云教育，有效地将教育各种功能应用融为一体，统一为师生提供服务，有效地消除了教育信息系统中的“孤岛”现象。教育云将教学实践“推向云端”，可以跨平台、跨校区为所有师生提供教学实践条件，而不需要在不同地点分别建设，极大地提高了学生自主学习的积极性，也让学校间的交流变得更加紧密。教育云将各种教学服务迁移到了云端，学习者可以从云端获取学习资源、学习计划等各项云服务，进行个性化的自主学习。云教育将“云计算”与“教育理念”相结合，具有超大规模、虚拟化、高可靠性、通用性、高扩展性、按需服务、性价比高等特性。

移动化：移动学习是一种在移动计算设备帮助下的能够在任何时间、任何地点开展的学习，移动学习所使用的设备能够有效呈现学习内容并提供教师与学习者之间的双向交流。移动学习具有移动性、高效性、广泛性、交互性、共享性、个性化等学习特征，它突破了常规网络学习对“线”和“电脑”的依赖，真正实现了“实时在线学习”，从而突破了时空的局限，可以带给学生随时随地的学习新感受。

## 6. 我的学习小伙伴

课堂教学仅仅是教学活动的一部分，课外教学是教学活动中不容忽视的重要环节。低成本高效率的辅助学习手段成为人工智能技术赋能教学活动的利器，且通常以各种智能学习机器人的形式展现在用户面前。目前，随着人工智能的不断发展完善，许多智能学习机器人的产品如雨后春笋般破土而出，比如：虚拟助教、虚拟陪练、智能批改、个性化推荐等。其中，知识库与知识图谱是支撑各种智能学习机器人的基础和关键。

### （1）知识库与知识图谱

知识库与知识图谱既有区别又有联系，其中，知识库是由很多实体构成的数据库集合，而知识图谱是结构化的语义知识库，具有网状的知识结构特点，可以用符号形式描述物理世界中的概念及其相互关系，并通过关系联结实体。

目前，知识图谱已经在搜索引擎、聊天机器人、问答系统、临床决策支持等方面有了广泛的应用。知识图谱的使用使得生活更加便捷。例如，知识图谱用于电商网站，文字描述辅助图片等展示了相关的可视化信息，使得消费者满意度增加，提供更加人性化的服务。同时，也为企业文化发展增添活力，提高企业的经济增长能力。

案例：阿里巴巴就是一个应用知识图谱的代表电商，该旗下的淘宝网站，充分利用互联网上的信息，整合商品与顾客之间的联系，最终形成独特的知识信息库和产品库，构建了自家的知识图谱，方便了销售方的同时，也为顾客带来全新的体验。例如，当顾客用关键字查询商品时，淘宝网站会立刻给予回馈，人性化的体验无时无刻不突出显示AI的力量。

（2）虚拟助教

教育过程中，助教所需要做的业务就是为学生答疑、提醒等功能，这些工作多为简单重复的脑力工作，一旦掌握其中的规律就可以智能化辅助教学。

案例：2016年5月，美国佐治亚理工交互计算学院上课的同学集体蒙圈，因为他们忽然间发现一直担任网络课程的助教Jill Waston 竟然是虚拟的人工智能程序。要知道，Jill Waston“助教”以97%的正确率回答了学生们的提问。据佐治亚理工的新闻发布称，学生对此的反应“都很积极”。一个学生说当知道真相时“大吃一惊，被帅呆了”，另一个学生还开玩笑问Jill“能不能出来一起玩耍”。

在人工智能的时代，用虚拟助教的方式教学，不仅解决了优秀教师的资源不足问题，提高了教学质量，更重要的是为学生提供了实时答疑，时刻监督学习的机制，提高了学生学习的自主性、积极性。因此，AI可以逐渐替代助教业务。

（3）虚拟陪练

“温故而知新”，勤学勤练才能得真知、晓原理。课后的练习反馈对于学习效果的提升非常重要，而数据化程度最高的环节也正是练习，因此这也是大部分人工智能+教育创业者的切入环节。

虚拟陪练，针对不同类型的学习内容需要的技术方案各不相同。如理论性学科的练习更加容易智能化，但是与实践相关的科目，如艺术、运动等，往往需要搭配智能硬件来达到学习效果。

案例：音乐笔记，于2014年7月上线，是一款面向4~15岁学琴儿童的钢琴智能陪练系统，通过先进的数据采集分析技术帮助学生规范练琴。音乐笔记包含智能腕带与App两部分，采用真人数据对比模式，将名师演奏数据与学生演奏数据进行对比。对学生钢琴练习过程进行分析、纠错、记录、答疑、评分，并凭借丰富的名师演奏视频存储向学生提供标准演奏示范。这种模式的训练使得训练者随时训练，及时纠正，更容易提高个人琴艺。

（4）智能批改

批改作业并及时给予学生反馈，这是学生教育工作中至关重要的环节，但教师由于备课任务重、教学压力大、学生数量多等原因，导致不能一一细致查看每一位学生的作业情况。

案例：2010年批改网横空出世，这款软件能够快速批改英语作文，实现实时在线服务，为学生的学习带来了极大的便利，目前已经广泛应用于大中小学。这款软件设计原理是计算学生作文与标准语料库之间的距离，即时生成语言分析、内容分析、得分情况。

（5）个性化推荐

只有对不同学生采取针对性的措施，做到因材施教，学生才能更快提高。针对不同学生的学习情况，教师可以根据海量题库，选择难易程度不同的组卷，难易适当，不断提高，实现在线实时教育学习。

案例："狸米学习"就是专门提出为公立中小学提供个性化教学解决方案的一款软件。该软件可以为学校提供完整的智能化教学配套方案，教师可用于作业管理和课时学情分析，家长通过记录可以了解孩子学习状况，教学管理者也可以用于学校的智能化教学分析。

人工智能发展到今天，出现了丰富多样的辅助性智能教学产品。比如，腾讯推出智慧精品课，涵盖高校版、高职版、中职版、中小学版、幼儿园版五个版本，每一个版本都有针对性的受众，便利高效。相信未来教育创业的驱动力一定是以人工智能为核心的科技创新＋教研创新。

智能学习机器人结合了人工智能和教育，虽然仍处于研究与应用的探索阶段，但是目前已经是一种有效的学习支撑系统。其个性化的教学过程、多样化的学习内容、交互式的学习场景，必将促进智能化、现代化、个性化的新颖式教育不断发展，智能学习机器人的研究与学习任重而道远。

## 7. 智慧校园

随着云计算、物联网、移动技术、社交网络等新兴信息技术的发展，国内越来越多的学校逐渐从数字校园向智慧校园转变。

（1）学生行为分析（图5-6）

对学生的行为活动轨迹进行综合统计，建立学生行为轨迹的路线图，可以了解一个学生一天在学校的运动轨迹。综合学生的基础信息、消费信息、行为偏好、日常作息等信息，抽象出标签化的学生模型，分析挖掘出每一位学生个性化情况，为学生的学习就业提供个性化的培养指导，为学校提供精

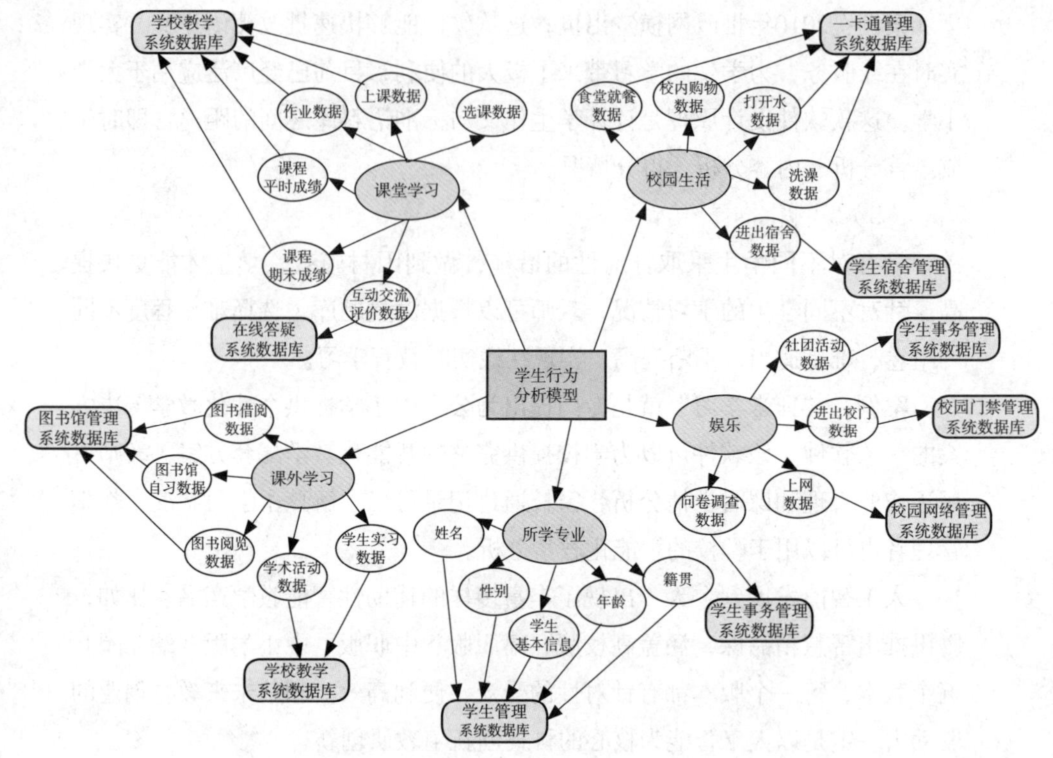


图5-6 学生行为分析模型

细化的教育管理与服务。此外，通过对学生课堂学习行为的分析，将具有相同学习兴趣和能力水平的学生进行组合，可以为不同学科、不同学习偏好、不同能力水平的学生提供差异化、个性化的课堂教学辅导服务、学习推荐以及校园优质服务。

案例：某校获得了学生1 400多万条一卡通消费流水数据，并对其进行数据挖掘和关联分析。从学生消费频次、图书馆刷卡次数、学生教室刷卡次数、打水时间、宿舍门禁刷卡数据等一卡通的海量数据中挖掘分析出每一个学生的行为信息，使学校对学生的学习生活情况有了更加理性、清晰的认识（图5-7），引导高校形成健康科学的学生培养模式和教学生活管理方式。

以该校学生生活习惯分析结果为例，学校可在学生早餐、中餐、晚餐和打水洗澡的高峰时段，通过增加窗口、延长营业时间、设立人流疏导屏等方式来减少人员聚集。

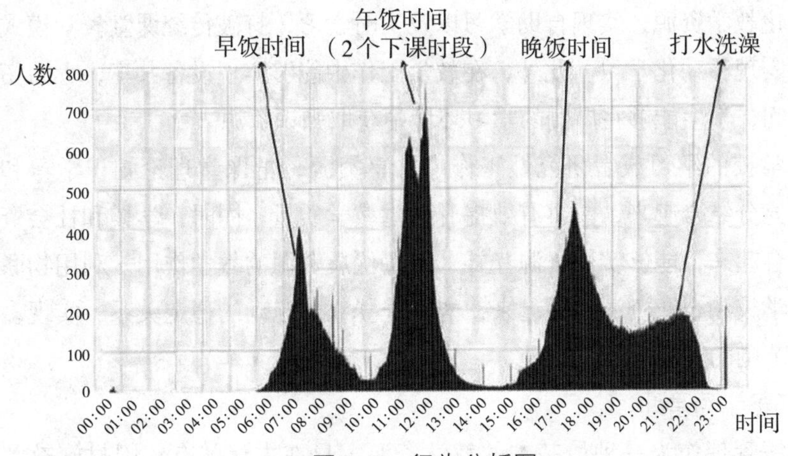


图5-7　行为分析图

（2）平安校园

校园安全始终备受社会关注，诸如“米脂4.27”等校园事件中，凸显了传统校园安全工作的盲区，往往耗费大量人力而效率低下。人工智能的不断进步，将AI人脸识别技术应用于视频监控，大大弥补当前监控工作中的不足，条件允许的情况下，甚至可以将系统与公安嫌犯资料库联网，以判断来人是否有危险。

首先，在校园建立智能安保系统，一些摄像头、红外传感器安装之后，便可实现自动监控、报警等。其次，将校园贵重财物贴上二维码并配合相应的定位、遥感设备，对这些物品进行更精细化的管理。再次，时刻监测校园车辆的动态，从而为校园安全进一步提供保障。最后，人物身份的确定及考勤的管理可以进一步加强校园安全管理。

（3）智慧型图书馆

相对于传统的图书馆，这种图书馆不仅开放、智慧，而且还可以将图书进行自动盘点，对相应的图书能够快速定位，从而使相关的工作更有效率。学生在浏览书籍时，采用手机或电脑进行广泛阅览，可以摆脱传统纸质书籍的限制。尤其是可以让不同的学校在图书资源等方面进行资源共享，实现教育资源均衡发展。

（4）教学资源共享

在教学平台中为学生创设更加真实、自然的教学场景，使学生能够快速掌握和理解知识。同时运用视频技术以及二维码技术，能够让学生更好地获取数字化教学资源，实现自助学习以及实时学习，打破传统课堂教学模式的限制，实现移动化学习。此外，在教学工作中能够实现设备共享，大力拓展知识空间，学生能够在广阔的学习环境中获取知识资源。

在学校的学习或者研究性工作中共享资源，把课堂理论知识学习和实践案例充分结合起来，能够有效提升课堂教学质量。同时，学校和社会资源充分结合起来，能够实现资源互补，发挥优质资源的教学作用。利用物联网技术使学校和企业资源连通起来，能够建立双向互动的稳定关系，实现多区域、多范围的互动。

（5）学情管理

学情管理作为一种最基本的教学资源，早在古代就有"因材施教"之说。传统方法通过谈话观察、考试测验，主观成分大，难以精准控制。而在人工智能教育中，用"数据决策"代替"经验决策"，用数据驱动精准教学，通过全方位智能学情分析，便可以帮助老师为学生打造个性化学习方案。

案例：2016年，某重点中学应用智能教学系统，该校35个班级共1973名学生，在学期末，英语作文平均分较最初的作文分数提高了15%。在智能教育核心服务中，该智能教学系统集成了最新的学情分析服务。以所有学生的行为数据、基础信息数据和学业数据为基础，通过智能技术处理和大数据分析，形成对学生个体与学生整体的画像，该结果可视化后提供给教师和家长，用以精准教学（图5-8）。

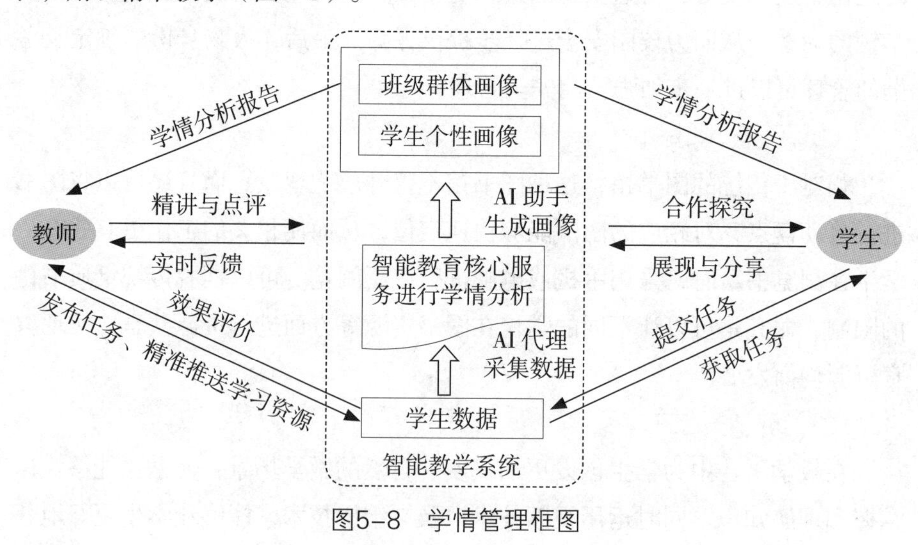


图5-8　学情管理框图

（6）后勤服务

高校食堂用餐时间集中，短时间内人流量大，传统的打卡点餐模式效率低，经常看到排长龙打饭的情景。将人工智能与高校餐厅结合，通过算法识别食物种类、食物所富含的营养成分，为每一位消费者构建最适化菜谱。

案例：2017年10月，某高校食堂正式实现智慧化升级，通过图像识别技术，智能识别碗碟，自动核算价格，并进行结算，支持微信支付和账户关联健康管家。同时，除了将学生所选菜品价格录入后台以外，还会对其所含营养、卡路里、脂肪摄入量等数据整理，发到学生个人手机，并且每月根据学生餐单系统智能给出膳食搭配改善建议。

人工智能赋能教育，不仅仅局限于教学活动上的高度信息化和智能化，还体现在全面打造更好的教学环境，实现智能化的校园管理，获取学生全面的信息，辅助实现全方位的人才培养。

# 第六章

# 人工智能艺术

## 1. 最懂你心情的智能画框

小苏的房间在爸爸妈妈房间的隔壁，是出生前就准备好的，屋子的墙壁刷成了淡淡的绿色，汽车造型的儿童床是爸爸根据小苏的爱好特地买的，自从和爸爸妈妈分开睡就一直睡那张床，不过小苏对汽车床的喜爱显然已经不像刚开始了。

昨天晚上小苏做了一个奇怪的梦，梦里爸爸在他房间里给他讲睡前故事。当讲到小海豚的故事时，房间的墙纸立马变成了海洋背景，湛蓝的大海上星星点点。随后讲到小松鼠的故事时，房间的墙纸又被自动切换成了森林背景。小苏试着喊了一声“我要去踢球”，瞬间，房间随着墙纸的改变，仿佛真成了一个偌大的足球场。小苏醒来后兴奋地告诉爸爸，没想到爸爸很肯定地告诉他，别着急，过不了多久，你这个梦就可以实现了，这个可以依靠人工智能绘画艺术。

爸爸给小苏看了四张画（图6-1），显然后三张是计算机生成的，比小苏的梦境更震撼的是，后三张图完全根据指定的风格产生，做到了以假乱真的效果。爸爸说，这是风格迁移（Style Transfer），可以让计算机提前学习

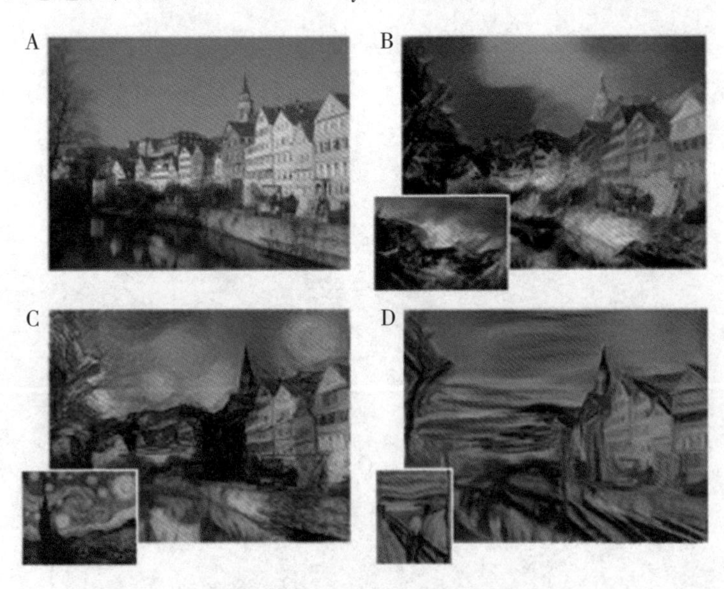


图6-1 人工智能绘画示意

某一种具体的绘画风格或是特定的技法，然后再以模仿的方式对原图进行处理，简单的可以将照片实时地转成油画、铅笔画等不同的风格；复杂的，完全可以让计算机进行独立绘画。

该作品由贝特格实验室的安德烈亚斯·普雷符克（Andeas Praefcke）完成，图6-1A的原照片分别被转换为不同的风格，图6-1B为特纳（J.M.W. Turner）的《米诺陶战舰的倾覆》风格，整体画面被调整成了浪漫主义的风景；图6-1C为文森特·凡·高（Vincent van Gogh）的《星空》风格，完全模拟了星空的油画笔触；图6-1D为爱德华·蒙克（Edvard Munch）的《呐喊》风格，整个画面被赋予了同样的沉闷、焦虑与孤独的情感。

专业名词解读：风格迁移 style transfer

所谓风格迁移，即根据源风格图像（Style Image）的特征信息对目标内容视频（Content Video）进行迁移变换的过程。目的是合成一种新颖的风格与内容混合的视觉特效（Special Effects），使生成的结果图像既保持目标内容视频的形状、结构信息，又具有源风格图像的色彩、纹理等信息。所选源图像的不同风格，决定着结果视频具有不同的视觉效果，这类进化算法为进化多目标优化算法。目前进化计算的相关算法已经被广泛用于参数优化、工业调度、资源分配、复杂网络分析等领域。

值得一提的是，2018年10月23日至25日，英国佳士得拍卖行拍卖了一幅由AI创作的画作，这是全球大型艺术品拍卖行首次拍卖出自AI之手的作品，这幅作品也是使用了风格迁移技术完成的。

这幅70厘米×70厘米，名为《埃德蒙·贝拉米画像》的画作来自法国艺术组织Obvious，以朦胧手法描绘了一名身穿黑色西服外套、搭配白色衬衫的男士（图6-2）。Obvious使用了基于生成式对抗网络GAN（GAN是一种深度学习模型，2014年由美国AI研究人员Ian Goodfellow等提出）的AI算法模型进行该艺术创作。佳士得拍卖行于2018年10月25日在纽约以43.25

图6-2　埃德蒙·贝拉米画像

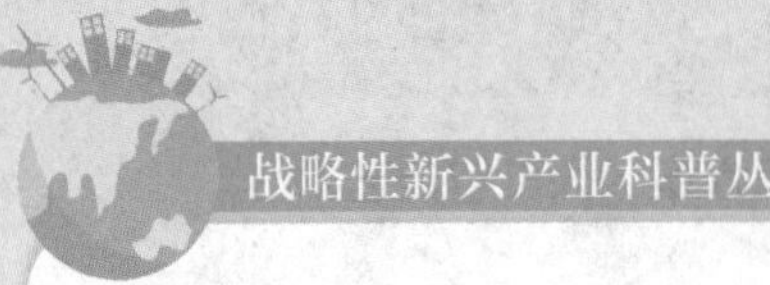


万美元（约合人民币301万元）天价拍卖了这幅由AI程序绘制的肖像画。

## 2. 三百年后的巴赫在创作

一段悠扬的变奏曲吸引了小苏的注意，即便是在喧闹的街头，橱窗里传出这样一首变奏曲还是比较吸引人注意的。小苏驻足橱窗前，手里拿着今天刚发下来的试卷，这次考得不太理想，他脸上明显带着一些失落和不安。音乐的节奏从小苏停下来开始变得明确，先是从一段咏叹调开始，然后以这段咏叹调为主题开始变奏，在小苏停在那里的两分钟里，前后经历了六次变奏。从轻缓到加速，进而再到一点点急迫的感觉，最终又回到了最初的咏叹，整体风格极富巴洛克色彩。小苏的心情在音乐的起伏与复归平静之间，得到了充分的缓解，此刻他相比驻足之前放松了，面对挫败也更坚定了。

这个橱窗演奏的是巴赫的音乐，只是这个“巴赫”是根据视频捕捉到的小苏的神态及其情绪变化实时演奏的，也就是说在每个音符出来的前五秒，后续的音乐完全是一个未知，是一边演奏一边谱写的。橱窗背后是人工智能机器人在工作，它谱曲的依据是巴赫的作曲风格生成的大数据，同时更重要的是小苏在不经意间所给的实时反馈。

人工智能在音乐方面的研究相对美术其实还要更早一些，而且成果也相对更丰富一些，非确定性的音乐作曲与临场表现都有着丰富的案例支撑。这一技术的使用重点用到知识推理与语法系统。

知识推理基于当前现有的知识建构，将已有的数据标记、分层并且建立内部关联，然后在其内部语义与外部输入关联上进行反复迭代的推理，从而得到新的内容生成。

专业名词解读：知识推理 Knowledge Inference

所谓推理就是通过各种方法获取新的知识或者结论，这些知识和结论满足语义。其具体任务可分为可满足性（satisfiability）、分类（classification）、实例化（classification materialization）。可满足性可体现在本体上或概念上，在本体上即本体可满足性是检查一个本体是否可满足，即检查该本体是否有模型。如果本体不满足，说明存在不一致。概念可满足性即检查某一概念的可满足性，即检查是否具有模型，使得针对该概念的解释不是空集。

谷歌发布了“品红计划”（Project Magenta）（图6-3），这是一个探索性的团队，他们将会进行有关创造性和人工智能的实验。这个团队会专注于创造各种形式的艺术——首先是音乐，然后是视频和其他视觉媒介上的艺术。

道格拉斯·埃克（Douglas Eck）在“品红计划”博客的第一篇帖子中这样写道：“在‘品红计划’中，我们希望探索技术的另一面——开发一些算法，使机器能学习如何生成艺术和音乐，它们也许还能独自创造出迷人优雅的内容。”

图6-3　“品红计划”

“品红计划”公布的第一个项目是一首简单的乐曲，基调是《一闪一闪小星星》的前四个音符。它的作者是谷歌的研究员埃利奥特·韦特（Elliot Waite）。这首乐曲用数字钢琴演奏，一开始只是简单笨拙的音符，但之后越来越复杂精微，说实话，里边还有几个不错的乐句。

## 3. 你的车对着美景在作诗

“你好，精灵。”

“我在呢。”

“这是在哪？”

“让我看看，噢，这是在古徽州的泾县东部地区，想知道这里有什么好玩的吗？”

“好啊，你说说看。”

“金黄无垠染三月，微风轻摇见春分，你猜我说的是什么？”

“你说的是油菜花？”

“太棒了，走，我陪你去看油菜花吧。”

“好啊！”

“导航开始……”

精灵是小苏给爸爸的车起的名字，小苏坐在爸爸车里，总是用“你好，精灵”这句开始和汽车聊天。如果细心可以发现，那句“金黄无垠染三月，微风轻摇见春分”不是从哪里摘录的，完全是汽车精灵的实时创作。

人工智能的文学创作目前也已经比较成熟，从诗歌到小说，再到剧本，人工智能都可以应付自如。最具代表性的是微软推出的小冰虚拟诗人（图6–4）。

图6–4　人工智能创作

小冰很善于学习，她学习了1920年以来519位诗人的现代诗，通过深度学习，经过10 000 次的训练，就拥有了现代诗歌的创作能力。小冰还具备超能力，100个小时就可以把519位诗人的诗歌读10 000遍，而普通人如果要把这些诗读10 000遍，则大约需要100年。

一段时间以来，小冰在天涯、豆瓣、简书等平台，用27个笔名发表自己的诗歌，“骆梦”“风的指尖”“一荷”“微笑的白”这些笔名背后的诗人，其实就是小冰。以下是小冰的一首诗：

是你的声音啊

作者：小冰

微明的灯影里

我知道她的可爱的土壤

是我的心灵成为俘虏了
我不在我的世界里
街上没有一只灯儿舞了
是最可爱的
你睁开眼睛做起的梦
是你的声音啊

人工智能文学创作最主要使用的是演化算法，演化算法包括遗传算法、进化程序设计、进化规划和进化策略等，进化算法的基本框架还是简单遗传算法所描述的框架，但在进化的方式上有较大的差异，选择、交叉、变异、种群控制等有很多变化。

专业名词解读：演化算法 Evolutionary Algorithms

演化算法不是一个具体的算法，而是一个“算法簇”。演化算法产生的灵感借鉴了大自然中生物的进化操作，它一般包括基因编码、种群初始化、交叉变异算子、经营保留机制等基本操作。与传统的基于微积分的方法和穷举方法等优化算法相比，演化计算是一种成熟的具有高鲁棒性和广泛适用性的全局优化方法，具有自组织、自适应、自学习的特性，能够不受问题性质的限制，有效地处理传统优化算法难以解决的复杂问题。演化算法还经常被用到多目标问题的优化求解中来，我们一般称这类演化算法为进化多目标优化算法。目前演化计算的相关算法已经被广泛用于参数优化、工业调度、资源分配、复杂网络分析等领域。

## 4. 一位可定制的私人主播

2019年的全国人民代表大会和中国人民政治协商会议刚刚落幕，一位声音动听的“AI女主播”因为参与这次新闻播报，走红网络。这位虚拟主播不仅颜值好，且具备汉、英、日、韩等多种语言的播报能力。这位主播是一款通过语音合成技术实现人工智能应用的新产品。它通过采集录制真人的声音素材，再通过声音标注以及机器的深度学习算法，构建出发音声学模型，在此基础上，输入任意文本即可实现语音合成。此外，由于应用了图像处理

等技术，使得主播形象更加逼真，播报过程中自然的表情和精准的口型，达到了以假乱真的效果。有了“AI女主播”，自然少不了“AI记者小白”。为了满足会议报道需求，研发团队还开发了一款助理记者机器人。通过声音采集，复刻出了中国中央电视台主持人白岩松的合成音库。除了在音色上要模仿得惟妙惟肖，在说话节奏和情感上也要尽量还原。“AI记者小白”一经出现，就被媒体同行们所围观，他还现场采访了许多会议上的代表委员。

专业名词解读：全双工语音交互

全双工语音交互指的是一个系统性的语音交互模式，首先是交互过程中的同步双向数据传递，即边听边想，这主要源于预测模型，在收听语音的同时，人工智能会预测用户的完整意思，并且在过程中不断调整以达到更为精确的预期结果。其次是节奏控制器，人工智能可以自己产生协调的预判，同时根据人类在交互中的节奏，进而把握在交流中的时机以达到最佳的内容捕捉。其中人工智能可否主动引发新话题、产出新内容、主动打破对话中的沉默时刻等是其重要特质。不远的将来，基于全双工语音交互技术的人工智能，将拥有和人类一样的非对称对话模式（图6–5）。

图6–5　可定制的私人主播

# 第七章

# 人工智能金融

## 1. 当人工智能遇到金融

### （1）智能金融的发展基础

处理器速度加快、硬件成本降低、云服务普及等诸多因素，大大提高了计算机的计算能力，使计算机处理大规模数据成为可能。随着计算能力的发展，科学家们开发出高性能的算法和软件，很大程度上降低了数据存储、分析的成本，促进了人工智能在各个领域的应用。

数字化和网络服务日益普及，促使用于学习和预测的数据量呈爆炸性增长态势。到2020年，全球以数字形态存在的数据总量将是2009年时的44倍，达到35泽字节。

伴随着电子交易平台、零售信贷评分系统等金融基础设施日益完善，结构化的高质量市场数据日益增加，市场的电脑化使人工智能算法与金融市场实现了直接交互。网络搜索趋势、收视率模式和社交媒体等数据集，以及金融市场数据日益增长，促使金融领域可供挖掘的数据来源日益增加，不断增加的金融数据，不断完备的数据处理方式，为智能金融的发展提供了数据和技术的基础。

### （2）智能金融的需求

人工智能应用于金融领域，可以更好地优化客户服务流程，通过增加系统与使用人员之间的互动来加强决策，为客户开发个性化的产品与服务。如何优化客户服务流程，提高金融服务的智能化水平，如何用更好的算法提供个性化的服务，提高金融收益，这些都可能导致一场激烈的“军备竞赛”，即市场参与者之间不断竞争，不断追求更好的智能技术。

当人工智能与金融相遇，可以很大程度上降低成本、提高生产力，从而更有可能增强盈利能力，促使金融机构不断提高智能化水平以满足金融市场的需求。

随着智能金融的不断发展，市场需要更好的技术以增加收益，在这个过程中，作为监管方也需要与时俱进地应用人工智能的手段，不断出台的数据法律框架、数据标准、数据报告要求、金融服务制度，提高金融机构对合规性的需求。因此，作为金融监管方，监管机构承担着评估更大、更复杂、更快速增长的数据集的责任，需要更强大的人工智能分析工具对金融机构实施更有效的监管。

（3）人工智能在金融领域的爆发

作为中国人里面最早接触和参与人工智能研究和开发的工程师之一，李开复曾在多个场合大赞人工智能。他有个非常著名的观点："人工智能最好的应用领域是互联网金融。"

人工智能对金融的重要影响越来越受到社会各界的关注，2017年国务院印发《新一代人工智能发展规划》，其中对智能金融着重进行了阐述，要求建立金融大数据系统，提升金融多媒体数据处理与理解能力。创新智能金融产品和服务，发展金融新业态。鼓励金融行业应用智能客服、智能监控等技术和装备。建立金融风险智能预警与防控系统（图7–1）。

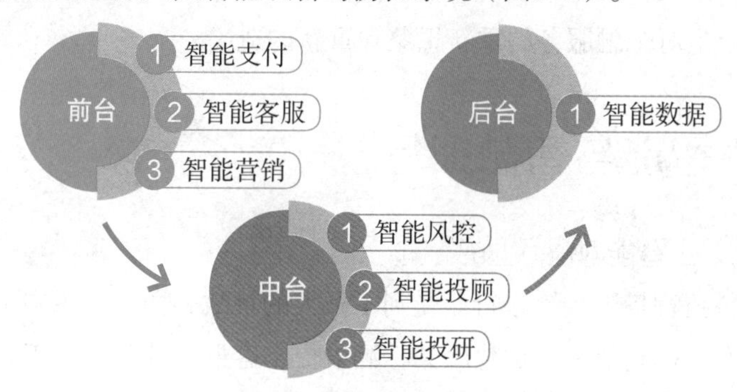


图7–1　智能金融

人工智能改变了金融业岗位需求。从李开复到花旗银行CEO潘伟迪等人都认为，人工智能会取代大部分金融领域的从业者，其取代将会是全方位的，从客服到资产管理经理或交易员，人工智能会陆续取代昂贵的人工服务。相反，智能金融相关岗位增加，技术人员的需求会增加，金融机构走向技术化。

人工智能提升投资效率。人工智能在金融业智能投顾上的应用前景非常广阔，借助高性能计算机和大数据处理技术，通过智能机器人可以通过对用户的资金流动性个性化分析为用户匹配合适的资产，其效率要远远高于人工匹配。

人工智能提升信贷风控水平。利用人工智能进行风险防控已经取得进展，将数据挖掘、机器学习等大数据建模方法运用到贷前信用评审、反欺诈等风控管理环节。人工智能可以从多个维度上对风险进行评估，能够覆盖更大的范围，提高风控的准确性。

人工智能带来更严格的金融业内部监管。人工智能领域的研究范围非常广，涉及机器人、语言识别、图像识别、自然语言处理和专家系统等各个领域。例如应用高科技的手段保证金融数据的安全，防范不法分子的非法入侵。

人工智能提升用户体验。人工智能将程序化工作交由机器人来完成，不用排队，赋予机器人人的形象和情感，提升效率的同时，给用户提供了更好的人机体验。

当人工智能遇到金融，伴随着人工智能、区块链、大数据、云计算为代表的新兴技术的发展，金融行业历经电子化、移动化的发展过程，将进入金融与科技结合的新阶段——智能金融。智能金融对金融监管提出了更高的要求，也将会给用户提供更加丰富便捷的服务，这不再是对金融行业的局部提升，而将会是对金融服务的重新想象和重新构造。

## 2. 人工智能与智慧银行

### （1）人工智能对银行业的影响

金融科技背景下传统银行业受到了极大的挑战，内忧外患中迫切需要降低金融成本，提高效率，优化服务，涵盖更多客群。伴随着人工智能、区块链、云计算、大数据（合并简称为“ABCD”）等为代表的新兴技术的日趋成熟，作为金融体系中重要的组成部分，银行走上了智能化的道路，且智慧银行是未来银行的发展方向之一。

银行在智能化过程中，在前中后台业务等各方面进行了一系列的革新。针对前台业务的革新，主要表现为以无人银行为代表的网点智能化转型，涵盖智能客服、智能柜员机、远程服务、智能身份识别等；中台业务方面，运用基于数据挖掘技术的大数据分析进行更好的客户画像并精准营销，以及在此基础上辅助决策支持，涵盖产品研发设计决策、个性化风险定价决策、流程优化决策、战略规划、智能风控等；后台业务方面主要是提升交易系统等IT系统的效率以及保障安全、发挥系统支撑等功能。

金融科技的发展加速解放了银行的低价值劳动力，例如柜员、大堂经理等操作类岗位，可能也会对从事风险管理、信贷审批等相关人员产生一定影响。但是这并不意味着智能机器人能取代人工从事银行所有业务，不少非标准化或者专业性强、创造性强的岗位仍需要专业人员。智能化的优势在于让人类找到更适合发挥自己潜能的位置，而不是单纯地去取代人工。

（2）智慧银行、无人银行的定义

智慧银行是一种基于高度智能化的现代银行经营形态，运用ABCD等新兴信息技术手段，对传统银行的客户关系管理、金融产品服务设计、风险定价、投资决策等流程进行系统化重构，对市场信息进行高度集成化、自动化处理，实现智慧感知、体察和度量，以及通过金融产品和服务点对点的精准营销，为客户提供更加个性化、智能化的便捷服务，并达到有效控制经营成本和管理风险的目的。

银行网点迫于成本和效率压力，正寻求进行全方位智能化、轻型化转型。无人银行作为智慧银行的主要成果之一，大数据分析、智能身份识别、全息投影、VR/AR等各类前沿科技成果正在银行网点智能化转型中落地试用。

无人银行，又称为自助银行，是指客户不需要银行工作人员的协助，可通过电子计算机设备实现自我服务，办理所需业务的银行。无人银行可不像字面描述的一般简单，它不仅仅指银行里面没有工作人员，而是集成了上述多种智能科技成果的产物。

传统的银行网点需要人工柜员办理业务，效率低下，耗费人力。而作为客户取号排队，往往需要花费大量的等待时间，体验感极差。无人银行的出现不仅解放了部分低价值劳动力，也大大提升了客户体验。

（3）智慧银行的探索

2018年4月9日，首家建行无人银行在上海开业，主打刷脸取款、机器人服务、VR体验等亮点。该无人银行集合了现有技术水平下可落地的一些应用，例如可与客户直接对话的智能大堂经理；可办理绝大多数非现金业务的“智慧柜员机”；刷脸即可取款实现智能身份识别的ATM机；“一键呼叫”就及时出现在身边的专属客户经理；为客户提供远程视频服务等。在这个高度智能化的无人网点，没有了传统网点中烦琐劳动的柜员、引导客户的大堂经理，取而代之的是智能机器人、智慧柜员机，以及各类多媒体展示屏等琳琅满目的金融服务与体验设备。

虽然目前的无人银行还难以实现百分之百的无人化，仍需要一定的工作人员引导或办理机器无法识别的复杂业务，且客户习惯仍需要一段时间的改变和适应新趋势。但无人银行的尝试为银行网点智能化转型以及智慧银行的建设指明了方向。各大行均开启了智慧银行的探索之路，具体成果如表7-1所示。

表7-1 智慧银行

| 名称 | 智慧银行成果 | 特点 |
| --- | --- | --- |
| 中国银行 | 智慧银行旗舰店：自助发卡机、互动体感屏、自助填单台、远程专家平台等 | 科学的功能分区+移动金融场景 |
| 建设银行 | “无人银行”：智能叫号预处理、VTM、智能互动桌面、人脸识别 | 数字媒体+人机交互技术 |
| 交通银行 | 交行小e机器人、智能柜员机iTM、个性化即时发卡机、手持PAD | 智能机具+客户经理：手持终端不仅为轻型化运营、场景化服务提供了平台应用支撑，更是从根本上改变了传统银行柜台的服务模式，扩大了厅堂服务的半径与业务办理的范围 |
| 农业银行 | 首家DIY 智慧银行：利用AI 技术量身定制金融产品、通过智能设备查询周边商圈信息和目的地导航等 | 突出“以客为尊”“以客户为中心”，用金融科技、AI 技术、大数据分析重新定义新时代金融科技服务 |
| 工商银行 | VTM、产品领取机、智能打印机、手持PAD | 以e-ICBC3.0为主体的智慧银行战略，客户自助+后台协同处理 |
| 北京银行 | VTM、个人征信自助查询机，小微预授信平台并提供远程专家在线服务，可远程在线审批的个人消费贷款平台，互动智能理财终端及自助理财多媒体终端 | 全能智慧银行 |
| 平安银行 | 自助发卡机、理财规划桌、生命周期墙、手持PAD | 高精尖创新科技 |

## 3. 智能投顾与高频交易

（1）智能投顾的产生背景

随着金融市场的不断深入发展，金融产品种类日益多样，金融产品层次日渐复杂，交易策略、交易工具日趋复杂，对普通投资者的要求逐渐提高，同时普通投资者学习成本越来越高，难以跟上市场发展步伐。由此导致专业投顾（投资顾问）服务的需求日渐凸显，受限于传统投顾服务的限制（百万资金起步门槛、服务流程烦琐、咨询费和服务费较高、咨询时间和地点的限制、投资顾问水平无法有效衡量），无法最大限度满足普通投资者的个人理财的投顾需求；目前的投资者结构中很大一部分是散户，散户投资需要智能投顾的助力；同时，金融科技的创新迭代促进了智能投顾的发展。智能投顾在这样的背景下应运而生。

（2）什么是智能投顾

智能投顾又称机器人投顾（Robo-Advisor），机器人理财发源于美国，被主流市场认可，国内传统银行、互联网、第三方理财平台均涉及智能投顾。智能投顾以人工智能、大数据、云计算等技术为工具，将资产组合理论等其他金融投资理论设计成模型，输入一些关键变量：投资者风险偏好、财务状况及理财规划等，为用户私人定制资产配置建议，并对组合进行跟踪和自动调整。智能投顾利用现代化科技，以大数据为基础进行建模分析，以投资者自身交易偏好、风险偏好以及资产状况进行相应的交易投资策略匹配，帮助投资者简化交易流程，增加自动化投资交易比例。智能投顾实时监测市场数据，根据市场变化反馈到投资者投资策略中，使得投资组合始终保持当前市场最优水平。智能投顾的服务流程包括：客户分析、构建投资组合、自动执行交易、动态调整组合、投资组合分析（图7-2）。

图 7-2　智能投顾服务流程

（3）智能投顾在券商中的应用

券商提供的智能投顾分为：结果输出型和辅助工具型。结果输出型又分为①资产配置型：根据顾客不同的投资目标和风险承受能力推荐差异化和个性化的交易策略；②策略组合型：投资者可以直接根据智能投顾的交易策略进行一键复制（跟单操作）。辅助工具型分为①决策支持型：挖掘事件与资产价格之间的关系，为客户提供数据支持；②交易辅助型：智能投顾实时跟踪交易账户情况，并根据实际市场情况给出交易建议和策略。

（4）智能投顾在基金中的应用

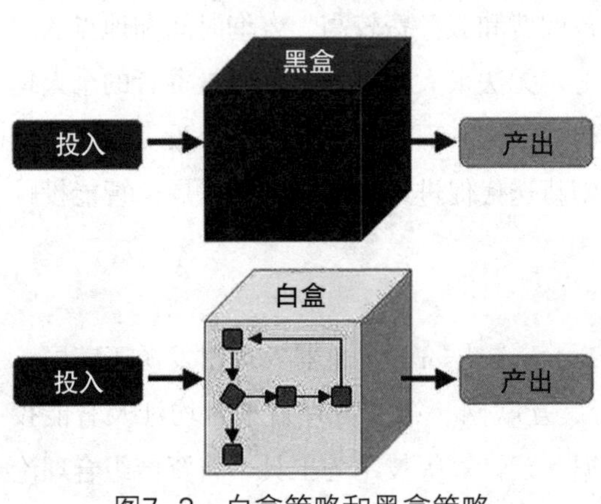


图7-3 白盒策略和黑盒策略

智能投顾应用在公募基金领域。在基金中，有专业人士投资，并且基于投资组合理论，基金是组合投资，分散投资，降低风险。而智能投顾之所以在基金领域得以应用，很大程度上取决于智能投顾在本质上很多都是一些基金组合。智能投顾应用在基金领域，推出了两种不同的策略——白盒策略和黑盒策略（图7-3）。白盒策略表示各种策略运作都是公开透明的，包括底层资产和调仓策略等，一般用户对白盒策略比较有安全感。黑盒策略表示其投资策略和底层资产都是非公开的，有的公司为了保护自己公司独有的模型或算法，所以才采用了黑盒策略。

市场上典型的白盒策略有蛋卷的基金组合和且慢的基金组合，黑盒策略典型的就是招行的摩羯智投。关于市场上的一些智能投顾产品，要仔细甄别，研究其底层资产和投资团队、平台背景等，不要被一些宣传误导。

（5）智能投顾的优势

个性化和差异化：智能投顾诞生以来，以独特的个性化投资和私人定制优势发展迅猛。智能投顾以智能为导向，根据市场和数据变化以及投资者自身的风险偏好以及资产情况自动调节投资比例和资产配置。

机器（数据）理性：智能投顾将投资战术和战略相结合，避免了投资者非理性和投机行为，尊重市场，以大数据为核心，实时变化，关注长期投资和战略配置。

普惠金融：传统投顾只服务于高净值客户，门槛和费用较高，而智能投顾让以前只有高净值能享受的服务扩展到中低净值、普通人均能享受投资顾问的投资建议，降低了门槛和费用，并且有策略地参与到资本市场中，避免盲目交易。同时智能投顾又可以化身机器人管家，为投资者提供一站式的自动化资产配置及投资跟踪服务。

随着大数据、人工智能技术以及相关配套设施的发展，智能投顾将成为券商和基金的基础设施，智能投顾的发展会非常迅猛，获取的客户资源会越来越多，无论是高净值客户还是一些散户，都将是智能投顾的服务对象。

## 4. 征信与金融安全

### （1）人工智能与征信

“征信”一词可以追溯到《左传·昭公八年》中的“君子之言，信而有征，故怨远于其身。”其中的“信而有征”即可理解为：征求、验证信用的意思。

从专业上来讲，所谓征信就是由专业化且独立的第三方机构为个人或企业建立信用档案，依法采集、客观记录其信用信息，并依法对外提供信用信息服务的一种活动，目的是为专业化的授信机构提供一个用于共享信用信息的平台。

征信按业务模式可以分为两类：即企业征信、个人征信。

企业征信：截至目前，中国已经拥有了2000多万家区域的企业数据库，企业数据库中收录了国内90%以上的企业，我国已然建造了国内最庞大的企业信用信息数据库；此外，我国的企业征信平台中还涵盖了国外的一些大型企业，企业数据库的信息量更是达到了千万级，时间维度上的追溯可以达到8年之久。更重要的是，在后台管理系统中，运用人工智能技术的智能识别引擎会自动准确地分析档案中的企业每条信用信息，一旦发现企业在近一年中有被相关部门检查发现的不合格品，则企业征信系统自动把这个企业识别为质量失信企业。从这个意义上来讲，智能识别引擎是用户了解企业的第一切入点。

个人征信：运用人工智能的技术手段、工具及方法对采集到的海量数据进行大数据分析可以获得个人较为全面的数字画像，并按照一定的规则计算出其信用评分。人工智能技术的运用，不仅使得关于个人的更全面数据被充分利用起来，而且提供给银行的是信用历史的客观记录，竭尽全力地用事实说话，此举减小了传统信贷员的主观感受，比如说个人情绪等因素对个人金融业务结果的影响，有助于实现更公平的个人信贷机会（图7–4）。

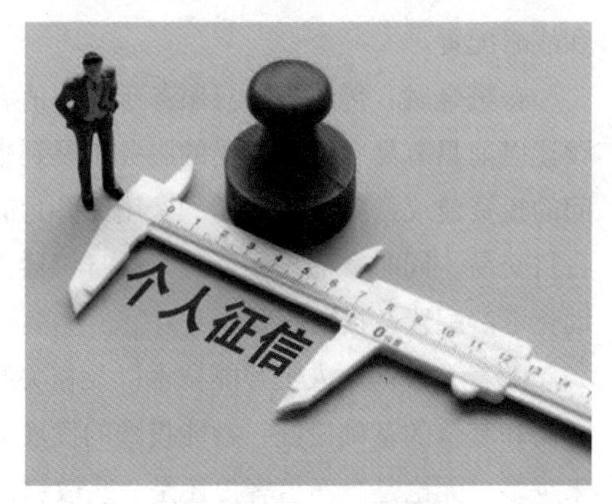


图7–4　个人征信示意

2019年5月个人新版征信正式面世，在人工智能技术的帮助下，征信信息的时长及精细程度进一步提升。

（2）智能风控与金融安全

毋庸置疑，诸多重大及日常金融活动的根基在于风险管理。近年来，我国金融产业发展表现出了较为明显的信贷驱动特征，在此背景下，金融领域的风控愈发显现出其重要性。根据银保监会的最新报告，中国商业银行的同期不良贷款余额涨幅已经超过200%，而且不良率从1%增加到了1.86%，整个国内金融业都急需落地规模化的、专业化的智能风控。幸运的是，人工智能技术的发展为社会安全（无论是个人层面还是企业层面）提供了更有力的保障。比如，闻名的咨询与研究机构Gartner于2018年5月发布了它所研发的数据安全治理框架（Data Security Governance），提供了一种实现安全管控的方法。

个人层面：日益发达的网络技术也是一把双刃剑，它在给人们的日常生活提供诸多便利的同时也增加了潜在的重大安全风险。目前，各种网络诈骗层出不穷，让人们愈加恐慌。

人工智能技术的持续发展为个人隐私信息安全提供了更加强有力的保障。随着人工智能技术的飞速发展，目前已有多种人工智能技术用于保障个人金融安全方面。利用人脸识别、指纹、眼部虹膜、声纹识别技术等人工智能技术为每位客户建立起生物档案，完成对人、相关行为及属性的快速核实。如此，人工智能技术充分利用了个人的唯一的、特殊的属性，从根源上切断了通过模仿等手段对个人金融隐私的威胁，有效地保障了个人金融安全。

企业层面：企业信息安全作为企业尤为重要的一环，现已有不少走在科技前沿的软件公司利用人工智能技术研发高新技术用于企业。比如，早在2017年，有公司提出了智能风控技术，专注于为金融机构提供专业的风险管理服务。依托人工智能领域的大数据分析技术推出的智能风控云服务能够精准预测信贷、银行保险、电商等金融领域的信用及欺诈风险，这一技术大大减小了企业的风控成本。

依托人工智能技术，通过对海量业务数据的获取、清洗、语义计算、数据挖掘与分析、知识图谱、认知计算、机器学习等方法，将促进金融数据安全保障体系更快更好地完善。

## 5. 金融企业合作

金融科技（FinTech），是Financial和Technology的简称，根据国际金融稳定理事会（FSB）给出的定义，金融科技指的是由人工智能、区块链等技术手段带来的金融创新，产生新的商业模式或服务，从而对金融市场或金融服务的提供方式产生重大影响（图7–5）。

图7–5　金融科技示意图

（1）人工智能+金融

人工智能与金融的结合具体包括四个方面：

行为分析：改变传统利用金融机构交易记录等结构化数据进行信用评级的方式，结合社交媒体、电子商务等非结构化数据通过人工智能对用户行为进行分析，可更好地为客户个性化配置资产。

安全领域：可利用人工智能进行反欺诈与智能风控，提高金融机构的风险管理水平。

投资银行领域：做算法交易、自动化交易，通过人工智能为客户配置最优资产组合。

客服领域：以人工智能信贷员等取代传统的人工环节，减少操作风险和道德风险，提高效率。

（2）大数据+金融

大数据技术在银行、证券、保险等金融领域炙手可热。

银行业：大数据技术通过将商业银行信贷数据与外部社交媒体、社会公共评价等信息数据相整合，可帮助银行更全面广泛地了解客户信用信息，做出贷款决策。

证券业：大数据技术可拓宽量化投资数据维度，扩大数据来源，构建完善的投研模型，有效帮助企业对市场行情进行精准预测。

保险业：借助大数据技术，企业可构建保险欺诈识别模型，有效识别骗保信息，提升风险管理水平。

（3）生物识别+金融

生物识别技术在金融领域起到一种“补充手段”的作用，主要应用在远程开户、转账取款、支付结算、核保核赔等领域。

远程开户：通过人脸识别和静脉识别等方式对客户身份进行验证，在银行等金融机构的远程开户过程中应用广泛。

转账取款：通过人脸识别技术可实现自助转账取款，降低成本，提高效率。

支付结算：用户可在支付时直接扫描生物特征进行付款，安全快捷。

核保核赔：通过生物识别技术与图像识别技术，可对保险理赔信息核实，降低人工成本。

（4）区块链+金融

区块链技术通过集成分布式记账、内置合约等基础技术，以低成本建立信用机制，其应用场景广泛。

资产证券化：依靠去中心化存储、非对称密钥、共识算法等区块链技术，可提高证券产品的登记发行与结算效率，增强安全性与可追溯性。

供应链金融：通过分布式记账及加密技术，保障了数据的安全，同时将纸质作业的程序数字化，减少了人为的干预。

资产托管：通过区块链技术可实现信息的多方实时共享，免去反复校验过程，提升了效率；通过设置密钥保证了交易的真实和安全；此外，不可篡改等属性保护了账户的信息安全。

（5）云计算+金融

国内的金融机构主要采用私有云和行业云两种云计算模式，对公有云的应用比较少，具体来看：

大型金融机构：主要采用私有云模式，其往往具有较强的经济基础和技术实力，可将核心业务数据、重要敏感信息存放于私有云上。

中小型金融机构：主要采用行业云模式，其自身技术实力相对较弱，往往通过金融机构间的合作形成公共接口、公共应用等技术公共服务，实现资源共享。

（6）金融机构和互联网公司分工协作

金融的发展需要科技的支持，金融科技之所以在最近两年备受关注，与互联网的介入密不可分。当前典型的金融科技代表，如蚂蚁金服、腾讯等，就是既从事过金融业务，同时拥有核心的互联网技术支持，因此发展迅猛。由此可见，金融机构与互联网公司的分工协作将是未来的主流发展趋势。

创设模式：典型代表为百信银行，由百度和中信银行共同发起筹建的直销银行。凭借中信银行的研发技术与创新水平，完善的风控体系，以及百度的互联网技术和庞大的用户数据，为客户定制个性化金融产品。

共建模式：典型代表为百度与农业银行的合作，主要覆盖金融产品和渠道用户等领域，目前双方还成立了联合实验室，继续寻求智能投顾、智能风控等方面的突破。

赋能模式：互联网企业充分利用海量的用户数据以及移动互联网的丰富应用场景，将研发能力、技术能力、风控能力等赋予金融机构，共同推动金融科技的发展。

# 第八章

# 人工智能和司法

## 1. 法律助理小包PK资深律师

法律助理小包（图8-1）是在中央电视台“机智过人”第二季节目中展示的人工智能裁判辅助系统。

图8-1 法律助理小包

“机智过人”第二季是中央电视台和中国科学院共同主办，中央电视台综合频道、中国科学院科学传播局和北京长江文化股份有限公司联合制作的原创科技挑战节目。节目由国内顶尖的人工智能团队带着最新的研究成果和解决人类问题的方案，接受超级人类检验团的对抗检验。节目以“中国智慧，机智过人”为主题，让全国观众一起见证“人机比拼”的状况，并向现场观众抛出问题：是“机智过人”还是“技不如人”。节目的口号是“机智过人，加速中国智慧”。该节目可认为是用于检验“机器是否具有智能”的图灵测试的一种形式。

法律助理小包主要针对刑事案件，能够进行定罪和量刑。小包以1997年以来中国所有的刑事相关法律条文为基础，以100多万件中国法院刑事判决书为训练样例，通过机器学习算法归纳出了判案模型，包括适用条件掌握、适应条文动态变化、使用更多的最新案例，在测试数据上罪名判案准确率在90%以上。希望为司法从业者和普通百姓提供法律服务。

在此节目中，法律助理小包要经受两轮考验。第一轮是与实习律师PK进行刑法犯罪定性检验，也就是面对生活中真实案例的关键环节，根据相关法律条文做出判断，即案件是否构成犯罪。若构成犯罪，则应该构成什么罪。第二轮是与资深律师PK进行量刑，也就是在定罪的基础上，给出量刑。

法律助理小包是一个人工智能裁判系统。人工智能裁判系统是通过计算机系统模拟法官思维进行法律推理并且做出最终裁判的一种审判模式。其运行原理是通过计算机程序模拟和归纳法律论辩，回答其中的问题，以显示计算机系统能够理解其中的法律问题和事实问题。

简单案件的法律推理一般是演绎推理，按照“法律规则（大前提）+事实真相（小前提）=判决结论（结论）”三段论方式进行。审判中实际发生的法律推理过程可以分为三个步骤：第一步是通过证据推理查明事实真相，将其作为小前提；第二步是依据这个小前提，检索或寻找法律规则（大前提）；第三步才是法律适用，即从大前提到小前提而得出结论的演绎推理。

事实认定是一个经验推论过程，是基于案例的推理。例如，证据相关性的检验就是一个经验判断，一个证据性事实能否与事实认定者先前的知识和经验（案例）联系起来，从而允许该事实认定者理性地处理并理解该证据。

法律适用是审判过程的第二个阶段。它是一个将法律规则应用于案件事实的推理过程。在法律推理过程中，法律解释的运用需要一定条件：法律规定十分明确时，无须解释就可适用法律；法律规定模糊不清时，则需进行解释。法律解释的辩证性则对人工智能自然语言理解提出了严峻的挑战。

法律助理小包所用的技术要素包括演绎推理、基于案例的推理和从大量训练样例中学习出判案模型的深度学习技术。

当然，法律助理小包虽然已用深度学习技术从大量的训练样例中训练出刑期预测模型（包括：罚金预测模型、量刑预测模型），可以进行量刑，但量刑要比定性难度大、复杂度高，是因为处罚幅度的评判需要综合多方面的因素，如：自首、立功、累犯等，需要法官过去司法经验的积累和对当前案件全面的把控能力，而这些对人工智能来说都是难以计算的。法律助理小包在感知案件的深度和感情方面还比不过人类，相关研究需要继续。

演绎推理：是从一般性的前提出发，通过推导即“演绎”，得出具体陈述或个别结论的过程。一般表现为大前提（已知的一般原理）、小前提（特殊情况）、结论（根据一般原理，对特殊情况作出判断）的三段论模式，如：人总是要死的（大前提），亚里士多德是人（小前提），所以亚里士多德是要死的（结论）。

基于案例的推理：是通过寻找与当前情形相似的历史案例，利用已有历史案例经验或结果中的特定知识即具体案例来解决新问题的方式。其主要特

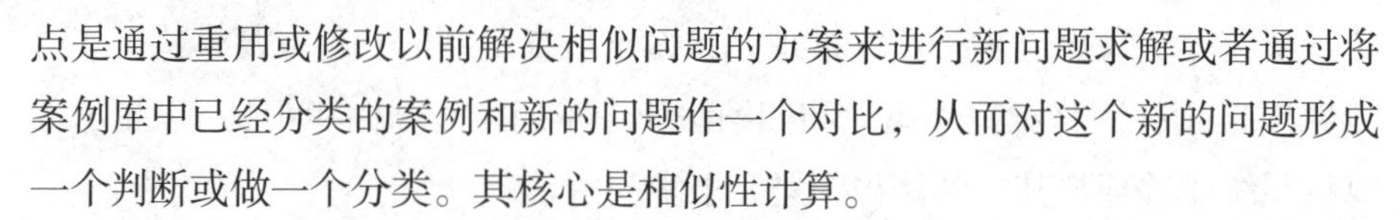

点是通过重用或修改以前解决相似问题的方案来进行新问题求解或者通过将案例库中已经分类的案例和新的问题作一个对比，从而对这个新的问题形成一个判断或做一个分类。其核心是相似性计算。

深度学习：源于人工神经网络研究，是一种含有多隐层的多层感知机。它通过组合低层特征形成更加抽象的高层表示属性类别或特征，以发现数据的分布式特征表示，是一种基于对数据进行表征学习的方法，特点是用无监督式或监督式的特征学习和分层特征提取高效算法来替代手工获取特征。其动机在于建立、模拟人脑进行分析学习的神经网络，它模仿人脑的机制来解释数据，例如图像、声音和文本。目前应用的深度学习模型主要有：以完成分类学习功能为主要特点的卷积神经网络系列模型和以完成序列建模学习功能为主要特点的循环神经网络系列模型。

## 2. 智慧庭审系统法庭速记

庭审作为案件办理的核心节点，因书记员录入速度受限，很难得到效率提升。科大讯飞利用人工智能语音识别技术开发了智慧庭审系统（图8–2），实现了对庭审语音的实时转录、最终笔录的生成，解决庭审效率瓶颈。

智慧庭审系统具备如下功能特点：与现有科技法庭无缝融合，具有完善

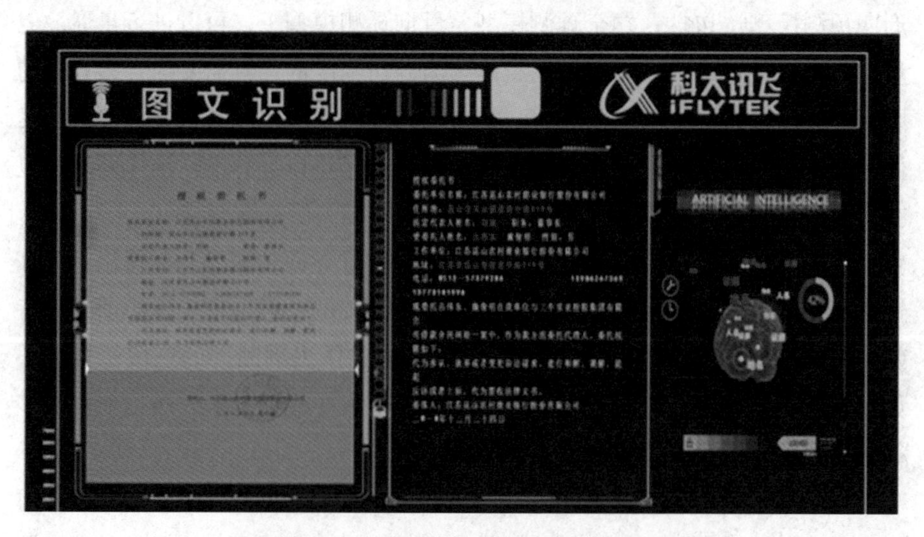


图8–2　智慧庭审系统图文识别交互界面

的数据安全保障，能高准确率满足庭审要求，可进行庭审角色的自动标注，能够辅助笔录快速生成。

在系统试用中，语音识别正确率已达到90%以上，书记员只需进行少量修改即可实现庭审的完整记录。经对比测试，庭审时间平均缩短20%～30%，复杂庭审时间缩短超过50%，庭审笔录的完整度达到100%。

智慧庭审系统（图8-3）结合图文识别实现机器自我学习，基于命名实体识别技术解决案件人名、地名、证据名等特定词汇的识别；基于多被告、多证人场景利用声纹识别技术对庭审角色自动标注；通过文本语义分析技术辅助错误修订；采用模板技术对时间、金额、日期等进行识别结果、纠错、排版；通过庭审笔录可视化编辑、快速检索、信息抽取、打点测听等功能为庭后笔录生成、信息校对提供有效支撑。

图8-3　智慧庭审系统技术框架

智慧庭审系统最核心的技术是智能语音识别技术，能通过声纹识别技术在语音识别的同时标记各路语音身份，直接形成笔录；同时，开发了允许加载特定语料用于特定会话识别过程的预学习功能，以提高个案识别的准确率。当然，系统采用的是通用型语音技术，还未能将通用的语音技术转换、发展为专用的法律语音技术，特别是尚未能很好解决复杂法庭审判中多方互动及争论的情景难题。

语音识别技术：是将人类语音中的词汇内容转换为计算机可读的输入

（如字符序列）的技术。其任务是对输入的信号，根据声学模型、语言模型及词典，寻找能够以最大概率输出该信号的词串。一般来说，语音识别的方法有三种：基于声道模型和语音知识的方法、模板匹配的方法以及利用人工神经网络的方法。

声纹识别技术：生物识别技术的一种，也称为说话人识别，是一种通过声音判别说话人身份的技术，包括：说话人辨认和说话人确认。说话人辨认是指已有一段待测的语音，需要将这段语音与一个已知集合中若干说话人进行比对，选取最匹配的那个说话人，是一个一对多的判别问题。说话人确认是指有一段未知的语音，需要判断这段语音是否来源于当前目标用户即可，是一个一对一的二分类问题。其主要任务包括：语音信号处理、声纹特征提取、声纹建模、声纹比对、判别决策等。不同的任务和应用会使用不同的声纹识别技术，如缩小刑侦范围时可能需要辨认技术，而银行交易时则需要确认技术。不管是辨认还是确认，都需要先对说话人的声纹进行建模，这就是所谓的“训练”或“学习”过程。声纹识别技术涉及特征提取和模式匹配（模式识别）技术。

命名实体识别技术：命名实体识别，又称作“专名识别”，是指识别文本中具有特定意义的实体，主要包括人名、地名、机构名、专有名词等。一般来说，命名实体识别的任务就是识别出待处理文本中三大类（实体类、时间类和数字类）、七小类（人名、机构名、地名、时间、日期、货币和百分比）命名实体。识别过程通常包括两部分：① 实体边界识别；② 确定实体类别（人名、地名、机构名或其他）。实体边界识别目标是从文本抽取出特定需求实体的文本片段。针对这个任务，通常使用基于规则的方法和基于模型的方法。针对有特殊上下文的实体，或实体本身有很多特征的文本，使用规则的方法简单且有效。从模型的角度来看，命名实体识别问题实际上是序列标注问题。序列标注问题指的是模型的输入是一个序列，包括文字、时间等，输出也是一个序列。针对输入序列的每一个单元，输出一个特定的标签。序列标注问题涵盖了自然语言处理中的很多任务，包括语音识别、中文分词、机器翻译、命名实体识别等，而常见的序列标注模型包括隐马尔科夫模型（HMM）、条件随机场模型（CRF）、循环神经网络模型（RNN）等模型。

文本语义分析技术：文本语义分析是指运用各种方法，学习与理解一段文本所表示的语义内容，包括词汇级语义分析、句子级语义分析以及篇章级语义分析。一般来说，词汇级语义分析关注的是如何获取或区别单词的语义，句子级语义分析则试图分析整个句子所表达的语义，而篇章语义分析旨在研究自然语言文本的内在结构并理解文本单元（可以是句子、从句或段落）间的语义关系。语义分析的目标就是通过建立有效的模型和系统，实现在各个语言单位（包括词汇、句子和篇章等）的自动语义分析，从而实现理解整个文本表达的真实语义。词汇层面上的语义分析主要体现在如何理解某个词汇的含义，主要包含两个方面：词义消歧和词义表示与学习。目前常用的词义表示方式是词嵌入（Word Embedding，又称词向量）。其基本想法是：通过训练将某种语言中的每一个词映射成一个固定维数的向量，将所有这些向量放在一起形成一个词向量空间，而每一向量则可视为该空间中的一个点，在这个空间上引入“距离”，则可以根据词之间的距离来判断它们之间的（词法、语义上的）相似性。句子级语义分析可划分为浅层语义分析和深层语义分析。语义角色标注（Semantic Role Labeling，简称 SRL）是一种浅层的语义分析。给定一个句子，SRL的任务是找出句子中谓词的相应语义角色成分，包括核心语义角色（如施事者、受事者等）和附属语义角色（如地点、时间、方式、原因等）。深层的语义分析（有时直接称为语义分析，Semantic Parsing）不再以谓词为中心，而是将整个句子转化为某种形式化表示，例如：谓词逻辑表达式（包括lambda 演算表达式）、基于依存的组合式语义表达式（Dependencybased Compositional Semantic Representation）等。

## 3. “睿法官”助推审判

“睿法官”智能研判系统是北京法院探索建设“智慧法院”的创新实践。“睿法官”立足于法官办案的核心需求，依托法律规定，运用大数据、云计算、人工智能、语义分析等技术，基于电子卷宗等司法审判数据资源、行为分析的智能学习、法律逻辑和审判经验的知识图谱技术，通过机器学习、多维度数据支持、全流程数据服务，实现为案情“画像”，为法官审理复杂案件时，精准推送办案规范、法律法规、相似案例等信息，梳理法律关

系，聚焦争议焦点，提出裁判建议，生成裁判文书等智能服务，能有效地支持法官快速智能办案，确保司法裁判尺度统一。

“智慧法院”是依托现代人工智能，围绕司法为民、公正司法，坚持司法规律、体制改革与技术变革相融合，以高度信息化方式支持司法审判、诉讼服务和司法管理，实现全业务网上办理、全流程依法公开、全方位智能服务的人民法院组织、建设、运行和管理形态。建设“智慧法院”，可提高案件受理、审判、执行、监督等各环节信息化水平，推动执法司法信息公开，促进司法公平正义。

“睿法官”具有三方面特点：一方面是智能机器学习。以各类案件的案情要素为切入点，形成完整的知识体系，并指导机器进行自主、深度学习。二是多维度数据支持。自动根据法官审理的案件，多维度匹配当事人情况分析、该类型案件态势分析、历史案件综合分析等内容。三是全流程数据服务。在立案环节自动提取案件信息，生成“案情画像”，审理环节自动生成审理提纲及笔录模板，结案环节自动生成裁判文书，实现从立案到结案整个审判流程的大数据服务。

“睿法官”对于一审不服上诉案件，会提取一审案件信息和上诉状案件自动立案，立案法官只需要进行确认操作，二审案件就立案完成。进入到二审案件审理阶段后，“睿法官”会自动对案情初步“画像”，为法官提供该案件的前审案件情况、案件当事人涉及的相关案件情况、全市法院办理的此类案件情况、法官本人曾办理过的此类案件情况等智能分析内容。同时，对一审判决书、上诉状等材料先期进行分析，采集案件的多元信息，识别出影响案件定罪量刑的相关要素及当事人上诉的理由。法官接到案件就可以结合上述信息及案情，对识别出来的案情要素进行认定、不认定、待定的初步判断。在庭前准备阶段，“睿法官”会自动梳理出待审事实，生成庭审提纲，并推送到庭审系统中。庭审结束后，结合庭审提纲和庭审笔录，“睿法官”会对案情要素进行进一步提取，根据法官进一步认定的内容，给其推送更为精准的相似案例、裁判尺度、法律法规等服务，最终帮助法官完成裁判文书撰写。

“睿法官”与审判业务系统深度融合，与法官日常办案无缝对接，可为法院统一裁判尺度、提升司法权威和司法公信力提供有力的科技支撑。

“睿法官”的技术特点包括：以法律构成要件和要素为基础，构建法律知识图谱；利用实体识别技术、OCR图像识别和语音识别技术把文书、图像和语音转化为可进一步分析挖掘的结构化数据，并与已有的结构化数据相互融合；在知识图谱和实体识别技术的基础上，实现法律逻辑与法律知识的挖掘，建立每个案件事实与法律之间的动态关联关系，为后续分析类案历史裁判规律、推送知识辅助打下基础，并实现对起诉书、裁判文书、庭审笔录等相关要素、场景的提取，以及案例、法律条文的关联分析；结合用户行为分析，根据法官的使用习惯和推荐案例引用情况等持续修正推荐算法。

当然，智能研判系统在证据把握、事实认定方面还存在局限性。对办案人员来讲，人工智能的分析和推导结论，更多的是具有指方向、提建议和“仅供参考”的作用，无法替代办案人员的实质性审查作用。人工智能还没有取代法官的可能，作为涉及人身与人心、情感与理性的法律诉讼，能否完全交给人工智能，依然存疑。

知识图谱：显示知识发展进程与结构关系的一系列各种不同的图形，用可视化技术描述知识资源及其载体，挖掘、分析、构建、绘制和显示知识及它们之间的相互联系。具体来说，知识图谱是用可视化的图谱形象地把复杂的知识领域通过知识计量和图形绘制而显示出来。其核心是实体及其关联描述。实体可包括其属性描述。

智能推荐：根据用户需求，利用用户的行为等特征，通过特定的推荐算法，推测出用户可能喜欢的项目。典型推荐方法有：基于内容的推荐、基于协同过滤的推荐、基于关联规则的推荐、基于效用的推荐、基于知识的推荐和混合推荐。基于内容的推荐方法就是根据用户过去所使用的项目来向用户推荐用户没有接触过、但与所使用过的项目内容特征相似的对象。基于协同过滤的推荐主要是基于用户对项目的评分矩阵进行预测评分推荐， 它基于一个这样的假设“跟你喜好相似的人喜欢的东西，你也很有可能喜欢”，而对同样项目评分相似的用户被认为是喜好相似的用户。基于关联规则的推荐是以关联规则为基础，把已购商品作为规则头，规则体为推荐对象。基于效用的推荐是建立在对用户使用项目的效用情况上计算的，其核心问题是怎么样为每一个用户去创建一个效用函数。基于知识的推荐在某种程度上可以看成是一种推理技术。混合推荐就是将上述方法混合使用，研究和应用最多的

是内容推荐和协同过滤推荐的混合。

OCR图像识别：是指电子设备（例如扫描仪或数码相机）检查纸上打印的字符，通过检测暗、亮的模式确定其形状，然后用字符识别方法将形状翻译成计算机文字的过程；即针对印刷体字符，采用光学的方式将纸质文档中的文字转换成为黑白点阵的图像文件，并通过识别软件将图像中的文字转换成文本格式，供文字处理软件进一步编辑加工的技术。

## 4. “同案不同判预警系统”助力监管

“同案不同判”是司法实践中面临的一个难题，“大数据”技术的利用则可有效解决这一问题。江苏省法院与东南大学合作研制了基于司法大数据和人工智能技术的“同案不同判预警系统”，以支撑推动“类案类判”，方便院庭长行使监督管理职权。

“同案不同判预警系统”基于海量历史裁判文书，实现类案推送、量刑建议与偏离预警的多元功能。系统通过案件法律要素特征，从千万量级的法律文书中实时自动并大批量地检索出类似案件，并推荐相似案例数据。基于海量裁判数据的情节特征的自动提取和判决结果，建立起具体案件裁判模型，根据案件情节特征从案例库中自动匹配类似案例集合，自动分析相似案例中地区判决差异、案由适用、法律适用、争议焦点和证据引用情况，并据此计算出类案判决结果，为法官裁判提供参考。对于相似度较高的类案，对裁判结果自动进行监控，如果法官制作的裁判文书判决结果与之发生重大偏离，系统将自动预警，实行裁判偏离度分析、预警提示，规范法官自由裁量权，推动“类案类判”，方便院庭长行使监督管理职权。

目前系统已经在江苏省南京市、苏州市、盐城市等七个城市的中级人民法院、56家基层人民法院的350名法官中使用，成功预警高偏离度（三级预警）案件120多起，总预警案件占总案件数的3.3%，准确率达到92%。

“同案不同判预警系统”主要是以海量历史裁判文书为训练样本，通过训练可构建基于卷积神经网络的分类模型，对案件进行分类，以此实现类案推送、量刑建议与偏离预警功能。同时，系统通过案件法律要素特征，构建相似度计算模型，从千万量级的法律文书中根据案件情节特征检索出类似案件，并推荐相似案例数据。对于相似度较高的类案，对裁判结果进行差异性分析，包括犯罪定性和量刑差异性分析。

卷积神经网络：卷积神经网络是一类包含卷积计算且具有深度结构的前馈神经网络，是深度学习的代表算法之一。其结构包括：输入层、卷积层、池化层、全连接层和输出层。卷积神经网络中的卷积层和池化层能够响应输入特征的平移不变性，即能够识别位于空间不同位置的相近特征。能够提取平移不变特征是卷积神经网络被广泛应用的重要原因。

相似度计算：相似度就是比较两个事物的相似性。一般通过计算事物的特征之间的距离，如果距离小，那么相似度大；如果距离大，那么相似度小。设有两个对象$X$和$Y$都包含$N$维特征，计算$X$和$Y$的相似性常用的方法有：欧氏距离、曼哈顿距离、明氏距离、余弦相似性、Jaccard系数相似性和皮尔森相关系数相似性。欧氏距离是最常用的距离计算公式，衡量的是多维空间中各个点之间的绝对距离，当数据很稠密并且连续时，这是一种很好的计算方式。曼哈顿距离是各对应特征项值之差的绝对值之和。明氏距离是欧氏距离的推广，是对多个距离度量公式的概括性表述。余弦相似度用向量空间中两个向量夹角的余弦值作为衡量两个个体间差异的大小，相比距离度量，余弦相似度更加注重两个向量在方向上的差异，而非距离或长度上的差异。Jaccard系数主要用于计算符号度量或布尔值度量的个体间的相似度，因为个体的特征属性都是由符号度量或者布尔值标识，因此无法衡量差异具体值的大小，只能获得“是否相同”这个结果，所以Jaccard系数只关心个体间共同具有的特征是否一致这个问题。皮尔森相关系数相似性又称相关相似性，通过皮尔森相关系数计算两个对象向量的相关系数来度量两个对象的相似性。

# 第九章

# 人工智能让动植物更健康、食物更安全

## 1. AI种植靠谱吗

中国有2.78亿进城务工的农民，当年轻人纷纷离开村庄，我们的餐桌该由谁来提供食物？除了那些种植大户、家庭农场主和农业职业经理人之外，AI种植悄然潜入了我们的生活，农业智能机器人（图9-1）使得种植业不再完全“靠天吃饭”。

图9-1　农业智能机器人

（1）产前品种分析

在种植前，深度人工神经网络（DNN）可利用物联网获取的数据，对灌溉用水进行分析和指导，并通过对土壤成分的检测分析，选择适宜种植的作物品种；为了避免产销脱节引发价格剧烈波动，造成经济损失和农产品浪费，AI通过对农作物市场周期需求的大数据分析和预测，引导种植品种。另外，云计算、大数据分析和机器学习等技术，还可以帮助筛选和改良农作物基因，达到提升口味、增强抗虫性、增加产量的目的。

（2）产中管控

智能播种机器人可以通过探测装置获取土壤信息，然后通过演算得出最优化的播种密度并且自动播种。

农业智能机器人利用电脑图像识别技术来获取农作物的生长状况，通过机器学习，分析和判断出哪些是杂草需要清除，哪里需要灌溉、施肥或者打药，并且能够立即更精准地执行。AI为作物生长不同阶段提供最适宜的环境状态，优化营养成分配比，同时进行病虫害的预测与诊断，因此为扩大生产规模、实现标准化生产提供了条件。

2018年3月，荷兰著名的高等学府瓦赫宁根大学面向全球人工智能团队，发起了一场线下真人实景大型农作物养成与模拟经营类挑战赛——种黄瓜。由于温室设在荷兰，参赛队只能通过监控摄像头远程观测这间位于欧洲的温室，因此没有人能去浇水、施肥，连通风、光照、湿度、温度、二氧化碳浓度也全部由人工智能掌控，AI通过不断学习，自动适应新的环境和条件变化，并做出决策和判断。四个月后，一支人工智能团队超过人类团队实现了每平方米产量超过50千克。人工智能可以帮助种植人员在短时间内进行大量模拟实验寻找最优解，相比在真实环境中缓慢地进行人工种植摸索，它能以较低的成本、较快的速度提升智能管理水平和经济效益。

与人类知识融合之后的AI系统，还能不断地进行学习与自我修正，让植物更适应新的环境和条件变化，实现同种作物不同地区，甚至不同种农作物的控制管理，实施过程中进一步不断积累正确的种植经验并加以优化，持续地迭代升级，堪称农民中的“战斗机”。

### （3）采收和供应链优化

当你看到苹果挂在树上，大脑会指挥你伸出手臂，手部用力把苹果从树枝上拉出来，然后小心翼翼并坚定地将它摘下来。可是对于机器这看似简单的动作却需要训练很久，首先需要“更好的眼睛”——计算机视觉，用来判断苹果的大小、颜色、重量、成熟度和缺陷，还要协调视觉和运动技能学习如何在不伤害它的情况下摘取水果。目前针对苹果、蘑菇、黄瓜、草莓等都研发出了相应的AI采摘设备。

具有计算机视觉的机械臂同时可以进行农产品售前品质检测、分类和包装等工作。例如可以按照大小、形状以及其他特征来挑选、分类黄瓜。当黄瓜采收完毕需要区分等级的时候，使用开源程序来训练一个用于进行黄瓜分类的神经网络。即以一个树莓派（Raspberry Pi，一种嵌入式小型电脑，可以帮助软件开发人员和学生快速搭建一个系统原型）作为控制器，将训练好的神经网络移植到这个树莓派小电脑上，新鲜的黄瓜被逐个放在一条窄窄的传送带上，先通过一道类似安检门的摄像区，机器迅速通过拍摄的图像判断出黄瓜的质量等级，在黄瓜随着传送带“走”到对应质量标签的塑料筐旁边的时候，一把由螺纹钢、塑料卡子和硬纸片组成的“机械手臂”便轻轻将这根黄瓜“推”到筐子里去（图9-2）。

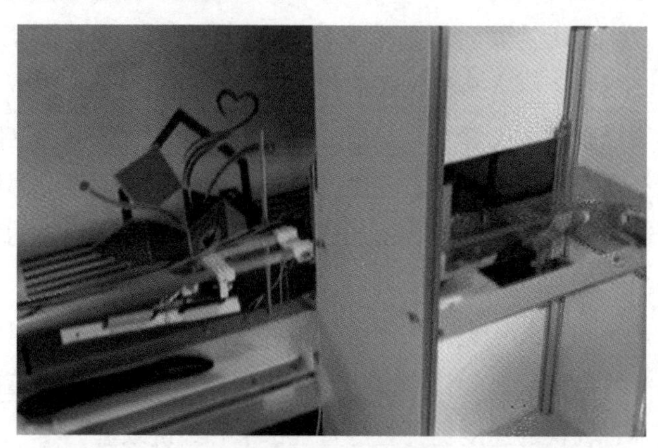

图9-2　黄瓜自动分类流水线

随着人工智能、区块链、物联网等新技术在农业生产中的大面积应用，智慧农业逐渐成为现代农业发展延伸的核心点。智慧农业利用了高新技术和科学管理换取对自然资源最大化节约利用，建立现代化农业操作、管理和销售的综合体系，AI还能利用大数据分析市场行情，引导企业制定更灵活准确的销售策略；通过人工智能遗传算法和多目标路径优化数学模型，可对物流配送路径进行智能优化，完善生鲜农产品供应链。AI使农民也成为低头族，告别草帽、锄头、泥泞衣服的传统形象。

当然我们也看到在AI+农业领域中的一大技术难点在于，计算机模拟受农业生产的特点影响，与真实的农业种植之间存在巨大的鸿沟。在农业生产中，影响作物生长的因素极为复杂，种植很难标准化，环境变化也难以预测，这些因素会严重阻碍人工智能的效能发挥。

## 2. AI养猪发家致富

目前中国是全球第一大猪肉生产国和消费国，即使是美国与加拿大这样的猪肉生产大国，也会出口大量猪肉至中国。中国生猪出栏量高达7亿头，猪肉市场规模超出万亿。但是随着环保高压和猪瘟蔓延，原本构成市场主流的散户被快速淘汰，加上巨头角逐，行业门槛被悄悄拉高，中国养猪业逐渐从粗放式发展过渡到追求精细化管理的阶段。

秩序化、高效率化、精准化、智能化的AI 养猪备受瞩目。AI养猪运用了穿戴设备和猪脸识别等高科技提高生产、解放人工、提升猪肉品质。

（1）穿戴设备

试想这样一种生活：当你下班回家时，可穿戴设备根据你一天的工作量计算你的疲惫指数，根据体温和脑电波预判你的心情，甚至了解你在这种心情时的胃口，然后根据这些分析，在你一启动汽车时，就选择好了你喜欢的音乐。接着，它会将你的情况告诉智能家居“兄弟们”，让它们根据气候调节好室温、光线明暗，准备好洗澡水，甚至为你准备营养丰富的健康晚餐。可是猪为什么要佩戴穿戴设备？就拿测体温来举个例子。

还记得小时候发烧时各种测体温的方式吗？舌下、腋下、直肠……因为直肠最接近真实体温，因此给猪测量体温往往都是测量直肠温度。你可以想象人有多不喜欢，猪就有多不喜欢，而体温是防疫和查情的关键。程序员们脑洞大开，是不是可以让猪穿上可穿戴设备随时监测体温？于是他们首先想到了项圈，可是猪太胖，没有脖子；然后，他们给猪做了马甲，可是很快就被撕烂。最后，他们想到了测温耳环。设计、打样、开发软件，三个月样品出来，猪甩了两下耳环就掉了，之后的日子他们就和猪斗智斗勇，因为猪会撞、会打架、会甩耳朵，终于用了两年的时间开发出了适合生猪穿戴的微型感知器。它可以预报疾病暴发，还可以预测母猪的最佳受孕时间，由于更精确地预测发情期，大幅度提高了养殖场的每头母猪每年提供的断奶仔猪数（衡量母猪群繁殖性能最常用的指标是“断奶仔猪数/母猪/年”），以16为基数，估计增量大概为20%～50%。同时感知器可以通过深度学习，对生猪的运动情况能有全面的掌握，继而结合生猪的其他生理特征判断健康情况。以此为基础建立了最佳的育肥和育种模型。

牲畜可穿戴智能设备（图9–3）和管理系统可以帮助农户更准确地预测发情期、预测疾病，做好情绪管理和饲养及放牧管理。以上做法都从不同的角度降低了养殖成本，提升了产量，解放了农户的劳动力。世界著名的科技

市场研究公司IDTechEx预测，针对动物（包括牲畜）可穿戴技术的产业市场到2025年预计可达到26亿美元（约176亿人民币）。

图9–3　牛的可穿戴智能设备监测

牲畜可穿戴智能设备及智能管理系统，其核心技术来自两方面：一方面是智能穿戴设备的集成度。智能穿戴设备作为智能管理系统的基础设施部分，完成猪牛羊各项体征指标的采集，无线通信技术实现数据传输通道，将数据上传至云服务器；运行在服务器上的人工智能算法实时分析上传的数据流，当出现异常情况时可以发出警告通知饲养人员。另一方面当然就是人工智能算法，好的智能牲畜管理系统是要在最少打扰牲畜的情况下做到最精准的预测。让人工智能跟畜牧养殖学更好地结合，可以找到更多的数据相关性，从而优化算法，提高准确率。人工智能结合机器人技术可以在养殖车间发挥优势，减少人力成本，提高管理效率（图9–4）。

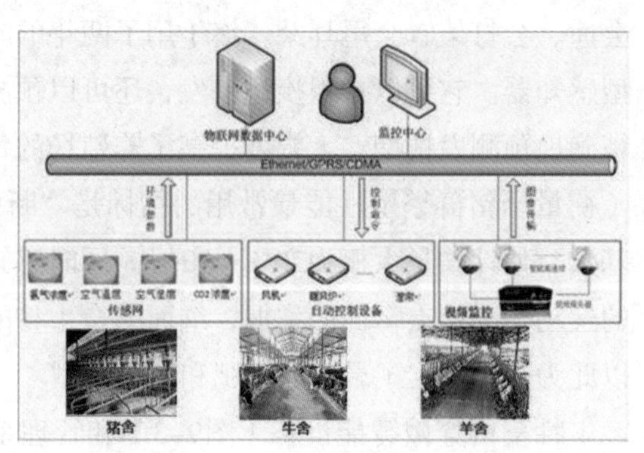


图9–4　智能养殖工厂设施

（2）猪脸识别

利用“猪脸识别”（图9-5）算法能够快速关联单个猪仔的生长信息、免疫信息、实时身体状况等。

养猪场内的多个巡逻摄像头会自动搜集母猪的睡姿、站姿、进食等数据，再由AI根据“怀孕诊断算法”分析母猪是否配种成功。利用摄像头和传

图9-5　猪脸识别技术

感器，AI可以分析每只怀孕母猪的状况，有没有空怀，流产的概率有多大等。刚出生的乳猪更是需要AI 的帮助。AI可以告诉你哪一只没有吃够奶，进而可控制饲喂机器人和智能猪栏等设备，实现饲喂量的精确控制，保证每头猪的生长平衡。由于猪在吃奶、睡觉和生病等不同状态下发出的声音都不一样，“农业大脑”通过语音识别技术和红外线测温技术来监测每只猪的健康状况。通过分析猪的咳嗽、叫声、体温等数据，一旦出现异常能够第一时间发出预警。养猪人终于可以轻松的同时伺候上百个母猪从怀孕到坐月子了。

但猪脸识别技术在使用过程中会受到很多因素的干扰，比如猪脸信息录入要求多角度扫描，而猪不是躺着、动着就是眯着眼，操作者需要花费不少工夫才能完成拍照。由于近亲繁殖，猪的长相必较相近，识别难度高。此外猪还受到生活环境、彼此打斗等的影响，把脸弄得脏兮兮的，不易识别，所以人工智能系统还需要不断地改进、升级才能不断提高准确性。

据测算AI养猪能把生猪出栏时间缩短5~8天，把每头猪的饲养成本降低

80元，如果推广到全国的养猪业，每年节约行业成本至少500亿元。

## 3. 与河蟹一起游泳的机器人

“秋风起，蟹脚痒；菊花开,闻蟹来。”河蟹一直深受我国消费者喜爱。2018 年，全国河蟹总产量在 80 万吨左右，总产值接近千亿元，江苏约占44%，依然主导河蟹产能。河蟹养殖业对水体水质观察、水产品生长情况的了解以及生产管理等方面，主要还是采用简单仪器结合人工经验操作的方法进行，信息化、智能化水平低，很难达到客观准确性、时效性以及连续性。

想象一下，如果可以实时采集水温、溶解氧、亚硝酸盐、氨氮、光照环境参数，自动开启或者关闭指定设备；如果可以知道池里河蟹的数量、大小自动喂食，通过模块采集、收发温度传感器等信号，实现对池塘或养殖池的远程控制，这样的水产养殖是不是轻松了许多。但是谁可以帮我们时时采集这样的数据呢？答案当然是水产养殖机器人（图9–6）。

图9–6　水产养殖机器人

水产养殖机器人综合水质传感器、计算机视觉、巡塘、投饵、施药、专家指导部分组成，基础功能还包括各种船体设备的驱动、控制、数据通信等功能。通过它的帮助可以节约人力成本，提高养殖效率。

河蟹养殖塘往往浑浊，看不到水下情况，大多凭经验摸瞎养殖。一旦过度喂养，水中残留过多的残饵与排泄物，容易细菌增生，水质恶化。在传统的水产养殖行业，许多企业仍然在使用手工计数，饲料的浪费比例平均在20% 左右。养殖机器人运用强化的监控影像资料来训练机器协助渔民判断投饵时机，并通过机器学习来建立水产动物的成长模型，掌握池里水产动物的数量、分布、大小与移动速度。机器人将采集到的传感器及图像数据上传到云平台，云平台上的应用程序除了采集、控制水质数据，重点是通过水下摄像头拍摄的照片来分析河蟹的大小、规格、密度，观察它们的习性。当然这些图片识别要经过前期复杂的处理，主要包括图片采集、图片人工标注与分类、神经网络训练和应用神经网络四方面。

由于河蟹主要在池塘底部活动，且水质条件较差，水中存在气泡和悬浮物等杂质。因此水体会对光线产生较大的衰减作用，对采集图像的质量有较大影响。此外河蟹的形状与姿态存在较大差异，这给河蟹的识别带来了较大的挑战。需要针对水下环境采用优化的算法对水下图像进行增强，以提高图像对比度，增强河蟹在图像中的细节表现，然后采用合适的深度学习模型对河蟹进行识别。掌握了这些情况后，水产养殖机器人会使得投饵更加精准、高效。

如何挑一只黄多膏满的河蟹呢？传统意义上，区分河蟹雌雄要看其腹部脐的形状，但是当机器安装上“眼睛”和“大脑”，依靠机器视觉技术，从河蟹背部纹理特征和体色差异，也能对性别进行智能分辨。同时长“眼睛”的光谱技术还可以用来判断河蟹的蟹黄蟹膏含量、成熟度等内部品质。0.6秒即可辨别河蟹信息并分级处理，多指标分选的准确率达到了95%以上。

让渔业机械装备“开眼看世界”，集成养殖技术水质和环境监测，又像人一样独立思考，实现智能增氧、投喂、鱼病防治，直至调控后期的水产品加工、物流配送等功能，大幅降低水产养殖风险，提升养殖效率。

## 4. 你的餐盘我来把关

现阶段造成食品安全事故的原因日趋复杂，食品供应链的任一环节的失

误都可能会引起食品安全事故。传统的监管模式难以实现对食品安全真正意义上的监管，实施智慧监管显得尤为重要。人工智能作为新兴技术，帮你把关从农田到餐盘的安全。

（1）食物来源的把关

动物的穿戴设备，除了实现智能养殖外，还有一个功能就是溯源。穿戴设备保证“一猪一标”，从小猪诞生开始佩戴激活，有自毁和全程数据加密设计，可以远程追踪生猪身份，上报生猪的日龄和位置，并且可以调取在生长过程中猪的疾病及给药情况。这种技术就是溯源，其相当于给物品贴上一张“身份证”，一旦食品质量在消费者端出现问题，可以通过食品标签上的溯源码进行联网查询，查出该食品的生产企业、产地、具体农户等全部流通信息，辅助明确事故方相应的法律责任。

动物的穿戴设备还具有自毁和全程数据加密设计，可以远程追踪动物或者生猪身份，上报生猪的日龄和位置，解决了现有的一些可追溯系统采用二维码，容易出现造假、损毁或者数据无法实时更新的问题。保险公司也可以远程监控追溯个体生猪，确定投保生猪身份的真实性与唯一性。通过大数据分析也可准确地评估养殖场风险，为活猪抵押等金融产品提供技术支撑；政府监管部门通过加密的方式可以全程监管生猪的流通和销售，确保食品安全。

农产品质量溯源系统有了区块链技术保证数据的准确性，保证了农产品这个生命周期的指标数据的完整性，然后应用人工智能算法分析农产品生命周期各环节的安全性，成为商品定价的重要依据。区块链加持人工智能技术的质量溯源系统有如下特点：

源头可查：生产原料信息全部采集记录并可追踪，实现产品供应环节、生产环节、流通环节、销售环节、服务环节的全生命周期管理。

去向可追：一物一码，全过程追溯产品流通过程，一旦产品出现质量问题，可快速、精准召回。

责任可究：一物一码，一旦产品出现问题，可精确查询到哪个环节有问题，责任人是谁，一目了然。

信息可视化：关于产品的品牌、名称、生产经营者、规格等一系列信息，消费者扫码可查，提升品牌可信度。

品质管理：借助一物一码，企业可以将参与的消费者直接引入企业的数据平台，不断完善企业和消费者的个性化互动，提升消费者对品牌的忠诚度和黏性（图9–7）。

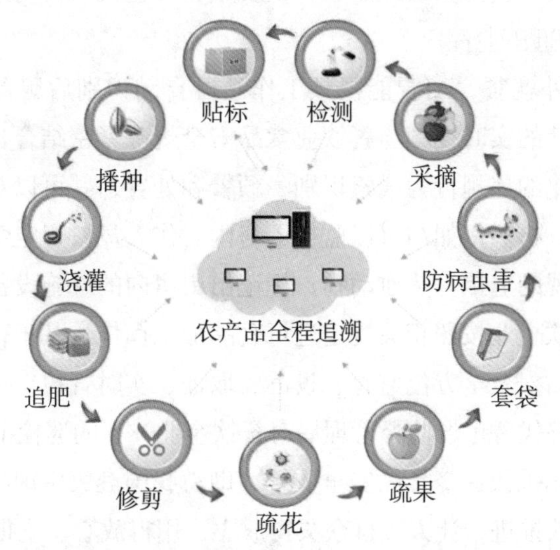


图9–7　采用区块链技术的农产品质量溯源交流

（2）食品安全期的判定

或许你还有这种体验，买回家的蔬菜、水果、牛奶等，一不小心就放过期了，不得不丢弃。有些老年人舍不得丢，吃下去导致拉肚子或身体不舒服。目前有一种小巧的防水“智能标签”（图9–8），当你输入了食物的种类

图9–8　智能标签

后，AI根据食物腐败时间数据库，根据食品名称找到对应的保鲜日期，如果系统未识别出用户说的名称，会将保鲜日期默认设置为3天。不同颜色的光环帮助用户了解食物的新鲜程度，并提醒用户及时食用食品，绿色代表食物是新鲜的，黄色代表食物新鲜但需要尽快食用，红色代表食物过期不能食用。

（3）餐饮业的监控

如果是在外就餐，AI智能视频工作站可自动识别后厨食品安全违规现象，将明厨亮灶的实时视频与餐饮业食品安全规范紧密结合，提供一系列自动化的、智能化的违规行为线索识别、预警和处置，并可以对数据进行可视化展示及风险分析。例如AI可以监控厨房内工作人员按规定穿戴衣帽口罩的情况；可能出现的老鼠等热血动物；标记出厨房内的设施设备、工具的使用状况，督促餐饮企业按照相关规定进行食品加工操作。基于智能化手段可实现对餐饮业食品安全全方位监管、投诉、取证、实时管控。初步估计人工智能识别系统能够代替市场监督管理局对餐饮企业38%的巡检工作。

AI以信息化手段保障食品安全监管，助力我国健康中国战略和质量强国战略的快速有效推进，让人民群众买得放心、用得放心、吃得放心。

随着科技不断地发展，我们可以从PB 级数据，深度学习算法来帮助洞察（或者是制定）种植时间、灌溉、施肥以及畜牧相关的决策，最终增加农业中土地、设备和人的生产效率；提高农作物产量，减少化肥和灌溉成本，同时有助于早期发现作物/牲畜疾病，降低与收获后分拣相关的劳动力成本，提高市场上的产品和蛋白质的质量，用来满足人们对农产品品质和安全越来越高的要求。

人工智能在农业领域的应用才刚刚开始，面临的挑战比其他任何行业都要大，因为农业涉及的不可知因素太多了。地理位置、周围环境、气候水土、病虫害、生物多样性、复杂的微生物环境等，这些因素都在影响着农作生产。你在一个特定环境中测试成功的算法，换一个环境未必就有用了。我们现阶段看到的一些人工智能成功应用的例子大多是在特定的地理环境或者特定的种植养殖模式。当外界环境变换后，如何调整算法和模型是这些人工智能公司面临的挑战，这需要来自行业间更多的协作。

# 第十章

# 人工智能与未来

# 1. 机器人是人吗

《机器人管家》是由克里斯·哥伦布执导，罗宾·威廉姆斯、艾伯斯·戴维斯、萨姆·尼尔主演的科幻片，于1999年12月13日在美国上映。该片讲述了机器人安德鲁作为管家和马丁一家人一同生活，并与人类相爱，最终由机器人转变成人类的故事。大致剧情如下：

理查德·马丁一家买来一个机器人当管家，机器人名叫安德鲁，它是北安公司生产的千万机器人中的一个。它不但拥有一般机器人具备的所有功能，而且还有学习和创造能力，甚至有情感方面的感知力。理查德·马丁很快发现这个名叫安德鲁的机器人，不仅有非凡的创造力，甚至还能表达情感。马丁有意教它人类知识，并拒绝北安公司对安德鲁进行所谓的重新完善或者是高价回收安德鲁，甚至为它建立了私人账号。安德鲁一直称理查德·马丁的二女儿为二小姐，并和她建立了深厚的感情。

机器人管家安德鲁已经成为理查德·马丁家族的一员。随着安德鲁学习的东西越来越多，它想得到自由。理查德·马丁知道后，沮丧地答应了它。重获自由的安德鲁和理查德·马丁一家人时常联系。在理查德·马丁临终前，二小姐叫来了安德鲁，并原谅了它。为了弄清楚自己到底是谁，安德鲁踏遍世界各地寻找和自己同一型号的机器人。最终在纽约遇到了和它一样有个性的女机器人，结果发现它只是被一位工程师安装了个性芯片，并不是真的有思维能力。后来在这位工程师的帮助下，它从里到外，从外表、身体内部器官，再到神经中枢渐渐变成一个几乎真正的人。

它爱上了二小姐的孙女波西娅·查尼，由于是机器人的缘故，波西娅·查尼并不能接受它。它向联邦法庭申请，希望通过一条法令，承认安德鲁是人类。联邦法庭以没有长生不老的人类为由驳回了它的请求。波西娅·查尼也爱上了这位能逗她发笑的“男人”，和它走到一起。波西娅·查尼弥留之际，安德鲁再次改造自己的身体，向机器体内注入血液，并设定了生命界限。联邦法庭最终宣布它可以与人类结婚。当消息传来时，安德鲁安详地离开了人世。

《机器人管家》以联邦法庭最终宣布安德鲁可以与人类结婚以及随后

机器人安德鲁和“他”的爱人波西娅·查尼相继离世结束剧情，让人感到唏嘘、唯美的同时，一个必须要回答的问题是：机器人可以和人类结婚吗？在《机器人管家》中，联邦法院曾判定机器人安德鲁因为长生不老所以不是人类，也因而不能和人类通婚；随着剧情的发展联邦法院最终承认安德鲁是个“人”……

为什么承认机器人是人类如此之难呢？这涉及机器人人权伦理、道德地位伦理和代际伦理等问题，下面逐一介绍：

随着人工智能技术的快速发展，各种“人工生命”相继问世，而这些人造生命的问世使得“人权”遭受了前所未有的挑战。特别是随着人类与智能机器人的交集越来越大，智能机器人正在侵犯人类人权的迹象更加明显，而且对于是否给机器人以人权的争论也越来越激烈。反对者认为：我们不要太能干的机器人，也绝不能给机器人以“人权”；让机器人拥有“人权”，就是企图违背“机器人三大定律”，就是企图放纵机器人，就是间接地在危害人类。而赞成机器人有权利的人基本上认为，如果制造的机器人有道德良知，能同人类互动，他们就应该享有一定程度的权利。

道德的概念注定了我们不能随心所欲地对待具有道德地位者。如果我们否定智能机器人的道德地位，我们就可以以任何我们自己喜欢的方式（仁慈的或者残酷的）来对待他们。而事实上，不顾智能机器人的道德地位而为所欲为，似乎与我们传统的伦理道德相违背，如果说将来有一天这些机器人同人一样拥有了人权，那么我们对这些拥有情感的机器人任意地指使和传唤或是谩骂殴打，绝对不是道德所能容忍的。因此，对于人工智能机器人的道德地位、伦理问题值得深思。

现代社会的代际伦理与社会的和谐稳定及人类的可持续发展密切相关，人工智能技术带来的代际伦理问题比较复杂，比如：① 和谐是当今世界的主题，也是人类社会追求的共同目标，而不管是用于战争的智能机器人还是被可以任意使唤的且毫无尊严的仆人智能机器人都显得不那么“和谐”；② 可持续发展也是人类共同的目标，而当看到因人工智能技术而导致的各种生态问题，或是给人类造成的精神上的恐慌等，这些明显破坏代内和代际间的公平的事实，使人工智能技术代际伦理问题不攻自破；③ 智能机器人本身是模仿人的智能，那么他们可以像人类一样拥有自己的后代吗？假设，智能机器人变得很普遍且又已无法进行必要控制的话，那么是否会出现“代”和亲属关系的混乱呢？

## 2. 机器人会伤害人类吗

《机械公敌》（原著《我，机器人》）（《机械公敌》的编剧或原作者即艾萨克·阿西莫夫，也就是机器人三大法则的提出者）是由亚历克斯·普罗亚斯执导，由当红影星威尔·史密斯、布鲁斯·格林伍德、詹姆斯·克伦威尔主演的现代科幻电影，于2004年7月16日在美国上映。该影片讲述了人和机器之间相处，人类自身是否值得信赖的故事。大致剧情如下：

“2035年，这是个机器的时代！”这不仅仅指那些已经高度发达的机械化大生产，充满成熟科技的生活用品和家用电器，它作为机器人公司的一句广告语，更多的是表明那些已经渗透入人类生活的智能机器人。

作为最好的生产工具和人类伙伴，机器人开始在各个领域扮演着日益重要的角色，而由于众所周知的机器人三大法则——这是由美国科幻作家阿西莫夫提出的约束机器人与人类关系的三个定律：第一定律，机器人不得伤害人类，也不得见人类受到伤害而袖手旁观；第二定律，机器人必须服从人类的命令，但不得违反第一定律；第三定律，机器人必须保护自己，但不得违反第一、第二定律。这三大法则被称为“现代机器人学的基石”。人类对这些能够胜任各种工作且毫无怨言的伙伴充满信任，它们中的很多甚至已经成为一个家庭的组成部分。

芝加哥警探戴尔·史普纳一直对机器人充满怀疑，他不相信人类与机器人能够和谐共处，而这种疑问终于因为一起凶杀事件而坚定：美国机器人研究中心的总工程师阿尔弗莱德·蓝宁博士被杀，而受到怀疑的就包括一名他自己研制的NS-5型高级机器人。

上级派戴尔负责前往调查这宗案子。经过周密的调查和分析，他发现机器人研究中心的负责人形迹可疑，而最后从研究中心泄露出的秘密更加惊人：似乎已经有部分机器人开始不受控制了。机器人研究中心为NS-5型高级机器人设计了控制程序，但随着机器人运算能力的不断提高，它们已经学会了独立思考，并且自己解开了控制密码，它们已经是完全独立的群体，一个和人类并存的高智商机械群体，它们也随时会转化成整个人类的“机械公敌”。

戴尔必须赶在机器人行动之前查清事情的真相。为此，他结识了专门研究机器人心理的女科学家苏珊·凯尔雯，他们要一起展开对抗机器人的行动，同时，他们还要应付那些意想不到的危险。

人类对机器人总是抱有复杂的情感。在世界上没有机器人时，人类在宇宙面前是孤独的，没有朋友的。机器人的问世，使人类惊羡他们超人的计算能力的同时，又忧虑他们对人类的威胁。这一度让反机器人者急剧增加，而人类文明的进步离不开机器人的协助，所以闻名于世的机器人三大法则问世了。

作为造物者的人类与他的创造物签订了一份不平等条约，而这理性的三大法则成了人类奴役机器人的控制砝码，人类从不会将机器人想得比自己高尚，人类给予机器人自由意识，却剥夺他们的自由意志，而纯粹理性的三大法则真的能约束机器人吗？“不伤害人类”又是何种定义，如果用“电车悖论”（电车悖论，也称为电车难题，最早是由哲学家Philippa Foot提出的思想实验，其内容大致是：一个疯子把五个无辜的人绑在电车轨道上。一辆失控的电车朝他们驶来，并且片刻后就要碾压到他们。幸运的是，你可以拉一个拉杆，让电车开到另一条轨道上。但是还有一个问题，那个疯子在那另一条轨道上也绑了一个人。考虑以上状况，你应该拉拉杆吗？许多哲学家都用电车难题作为例子来表示现实生活中的状况经常强迫一个人违背他自己的道德准则，并且还存在着没有完全道德做法的情况）去考验机器人，三大法则真的有效吗？

对这个问题的慎思一定会涉及责任伦理、环境伦理等问题，下面逐一介绍：

（1）责任伦理问题

责任伦理强调人类要对现在和未来负责，对子孙后代负责，很显然人工智能技术在保障当代人在享受过当今的一切后又不危及后代发展的问题上根本没有明确的把握。关于规范或改善人工智能技术伦理问题的相关制度、原则的制定和更新远没有跟上人工智能技术发展的速度，这使得人工智能技术带给人类的责任伦理问题显而易见，人类正面临着各方面的责任伦理压力。特别是由谁来负责人工智能技术引发的责任伦理问题是争论的焦点之所在。

随着人工智能技术逐渐渗透到社会生活的方方面面，对于人工智能技术带来的短期效应和长远后果的反差也使人们产生了对人工智能技术从未有过的恐慌和担忧。总体来看：对于人工智能技术的发展，不管是政策制定者还是科研人员或是产品消费者都应担负起相应的责任。现代技术的不可逆性，警示我们不能随便拿人类命运冒险，更不能将技术的进步当作“赌注”与人类和自然界相互较量。

（2）环境伦理问题

环境伦理是一门尊重自然价值和权利的伦理学，它主要根据现代科学所揭示的人与自然相互作用的规律性，以道德为手段从整体上协调人与自然的关系，它是人们在反思当今生态环境问题基础上建立的新兴学科，是传统伦理学向自然领域的延伸。在人类历史发展过程中，高新技术确实给人类带来了福利，但同时也正是由于这些高新科技的快速发展，使得人类似乎正在走向科技出发点的反面，比如资源过度消耗、环境破坏、生态污染等全球性的环境问题，这表明了科技发展在一定程度上的异化，而人工智能技术也没能例外。人工智能技术之所以产生环境伦理问题，与人工智能技术的发展没有遵循环境伦理观的思想密切相关，另外，也与人工智能技术发展的速度远远超过了伦理学发展的速度有关。

## 3. 人工智能与人类

《机械姬》（Ex Machina）是由亚力克斯·嘉兰编剧兼任导演，多姆纳尔·格里森、艾丽西卡·维坎德、奥斯卡·伊萨克主演的科幻惊悚片，于2015年1月21日在英国上映，2015年4月10日在北美全面公映。该片讲述了老板邀请员工到别墅对智能机器人进行“图灵测试”的故事。大致剧情如下：

一名神秘的亿万富翁内森，邀请他公司的一名赢得公司一项幸运大奖的程序员迦勒到老板的别墅共度一周。这栋别墅隐匿于林间，它其实是一座高科技的研究所。在那里，迦勒（格里森饰）被介绍给名为“艾娃”的人工智能机器人，原来他被邀请到这里的真正目的是进行针对艾娃的“图灵测试”，测试的主要目的就是鉴别老板所研究的人工智能程序是否真的拥有自我意识。

人类面对机器时，原本有两份优越感：智力与情感。

原先机器人突破的是人类的生理极限（超越人类），这并不可怕，到头来无非是成为工具，为人类所用，比如：计算器的运算能力远高于人脑、汽车在行进速度上远快于双腿、手机突破了面对面交流的局限、航天器让挣脱地心引力成为可能……

而当阿尔法围棋战胜人类的时候，人类突然发现，过去引以为傲的“智力”全面失守，只剩下“情感”聊以自慰了。所以，我们会很焦虑但会很放肆地说：“看，柯洁输了会哭，但阿尔法围棋赢了，也不会笑！”但我们有没有想过，恰恰是一个智力高于人类却没有情感的机器，才是最可怕的呢！

而《机械姬》告诉我们的是更进一步的可怕：当人工智能学会说“爱你”，才是最恐怖的开始。

人工智能技术属于一个正在发展并有很大提升空间的新兴技术，它还存在很多技术方面的不足，这需要进一步的深入研究和攻关。另一方面，人工智能技术将朝什么方向发展，与从事研究人工智能技术的科学家息息相关。科技本身没有善恶之分，科学技术就是一把双刃剑，只要科学家始终把人类的利益摆放在首位，不为私己之利而恶意运用这项技术，就将有助于避免人工智能技术的研究走向对人类不利的一面。爱因斯坦曾经说过，科学家应当增加对自己行为的社会后果的关注度，在科学技术发展的早期就要努力对其施加某种影响并适当进行控制，尽自己之所能去扬善抑恶、趋利避害，严格履行科学家的道德责任。

不管是从现在还是从长远看来，增强公众的伦理观念对于缓解人工智能技术在内的高新技术带来的伦理问题非常有必要，使公众在面对这些高新技术所引起的各种问题时能够冷静理性地认识，而不至于因为盲目地从众，引起一些不必要的误会与损失。人工智能技术到底是为人类造福还是会威胁人类，最终取决于人类自己。面对人工智能技术的伦理问题，我们要正确看待，理性科学地应对，为人工智能技术的发展营造良好的社会舆论氛围。正如恩格斯所说:“社会上一旦有技术上的需要，则这种需要会比十所大学更能把科学推向前进。”

同时，值得注意的是，人工智能技术的伦理问题已经给人类造成了很多负面影响，而要防止其带来更多负面影响，构建合适的人工智能技术伦理准则十分必要：一方面，构建人工智能技术伦理准则可以使人工智能技术的发

展和应用变得更加规范；另一方面，构建人工智能技术伦理准则是对科技法制的必要补充，这也将成为人工智能技术领域法律的重要来源。法律是对人的行为规范的最低要求，比法律层次要求更高的是伦理道德规范，且伦理道德的非强制性规范和教育作用是法律无法替代的，所以构建人工智能技术伦理准则十分重要。

人工智能技术伦理问题的产生与人类对于该项技术的监督管理不到位存在很大关系。这需要人类通过建立一个多层次的、全方位的、有效的制约和监督系统来监督和引导人工智能技术的发展。从它的最初设计到最终投入使用的各个环节，都做好监督工作，以此来减少人工智能技术的负面影响，缓解甚至减少人工智能技术的伦理问题。

## 4. 人工智能赋能生活

（1）国际象棋

1996年，IBM “深蓝” 4∶2战胜卡斯帕罗夫，这是历史上计算机第一次在一对一的比赛中打败人类的世界冠军，此事在当时引起了众人极大的恐慌，由此也产生了许多在至今来看也不过时的科幻电影。在计算机最终战胜了国际象棋大师后，普林斯顿大学的一位天体物理学家评论说：“计算机想要在围棋比赛中打败人类恐怕还要100年，甚至更久。”计算机科学家们接受了这一挑战，他们将注意力转移到了这一古老的中国策略游戏，它看起来简单至极，但想要参透其中的精髓却非常困难。正因为这个原因，围棋博弈成了人工智能研究的新的“标的物”和“果蝇”。

（2）围棋

2014年，谷歌开始研发一种叫阿尔法围棋（AlphaGo）的深度学习神经网络，并以此为基础拉开了以围棋作为人工智能“果蝇”的研究序幕。

① 2015年10月，阿尔法围棋前身（当时还不出名）5∶0横扫欧洲围棋冠军樊麾。

② 2016年3月阿尔法围棋打败李世石，由此名声大振。然后以“Master”为注册名，在弈城围棋网和野狐围棋网依次对战数十位人类顶尖围棋高手，取得60胜0负的辉煌战绩。

③ 2017年5月，阿尔法围棋“Master”向围棋世界等级分第一的柯洁发起挑战。三次比赛阿尔法围棋都完胜这位世界冠军。而且，最令人吃惊的是10月份谷歌宣布研发出比“Master”更复杂精准的阿尔法围棋版本。

④ 2017年12月，谷歌又推出了一个叫AlphaGo Zero的更新版本。这个新的人工智能系统可以在短短几小时内迅速学习掌握各种游戏。在仅仅8小时的自我学习后，这个更新版本系统打败了先前的阿尔法围棋，战绩是100 : 0，经过40天的自我训练，AlphaGo Zero又打败了阿尔法围棋“Master”版本。后者曾击败过世界顶尖的围棋选手，甚至包括世界排名第一的柯洁。

（3）德州扑克

虽然围棋提供了一个复杂环境的游戏，但掌握德州扑克游戏给了人工智能一个完全不同的命题。要想在德州扑克游戏中大胜，需要掌握欺骗的艺术。虚张声势和识别虚张声势在“臭名昭著”的德州扑克游戏中是取胜的关键。

2017年1月30日，在宾夕法尼亚州匹兹堡的Rivers赌场，卡内基梅隆大学的一个团队开发的人工智能系统Libratus战胜四位德州扑克顶级选手。

在2017年1月举行的公开比赛中，人工智能系统Libratus花费了20天与四名专业扑克选手进行了120 000场无限下注德州扑克。虽然职业选手每晚都在讨论这套系统的弱点，但Libratus也在每天不断自我改进，在游戏中修补漏洞并改进策略。经过一个月的全天候游戏，Libratus增加了170万美元，而每名专业选手却损失了数千美元的虚拟赌注。一名失利选手在比赛中途对Wired杂志说道：“与它比赛就像它能看到我的牌一样，我甚至以为自己是在和一个作弊的人比赛。”

其实在国际象棋之前，跳棋和黑白棋也作为人工智能的“果蝇”，成为人工智能研究者的研究对象。1949年，Arthur Samuel在IBM701上编写出世界第一款国际跳棋程序Checkers，IBM股票大涨15%；1962年打败人类选手；1990~1994年8月Jonathan Schaeffer教授率队携跳棋程序Chinook与数学家Marion Tinsley持续胶着大战，这是另外一段佳话，此处不再赘述。

事实上，随着科技的飞速发展以及人工智能技术的不断进步，人工智能的研发者们一定会寻找更多的“果蝇”进行研究，去测试他们逐渐复杂但又十分精细的算法。而从应用的角度来看，既然人工智能能够在这些具有标的

物意义的“果蝇”上取得那么好的成绩，那么人工智能技术还能用在什么地方呢？这就引发了人们对人工智能赋能的价值期望。

## 5. 人工智能赋能期望

长期以来，棋牌博弈，尤其是围棋博弈，被认为是需要极高智慧才能玩的游戏。正是这样的想法，2016年阿尔法围棋在围棋博弈中战胜李世石后引发了民众对人工智能的关注，人们很自然地问：人工智能还能做什么呢？

或许正是社会各界对人工智能在行（产）业的赋能期待（以及在很多领域的应用尝试获得成功）掀起了人工智能的新一轮热潮，这股浪潮一方面体现在人工智能技术不断更新迭代，并向日益丰富的应用场景渗透；另一方面体现在越来越多的国家和地区将人工智能上升为发展战略，并将其视作促进经济繁荣、社会福祉、国家安全的重要筹码。以下介绍世界其他国家的人工智能发展战略：

美国：特朗普在发表2019年国情咨文演讲时，就强调了对未来尖端产业进行投资的重要性。不言而喻，未来尖端产业中必然少不了人工智能。特朗普签署的《美国人工智能倡议》多管齐下来巩固美国在人工智能领域的领先地位。

英国：英国政府于2018年4月公布《产业战略：人工智能部门协议》，允诺对人工智能领域给予95亿英镑的资金支持，提出了英国应对人工智能带来的机遇和挑战的总体策略。其中包括：通过在研发、技能和管理创新方面的投入，使英国成为人工智能和数据驱动创新领域的全球中心；支持各行各业通过应用人工智能和数据分析技术来提高生产力；设立数据伦理和创新中心，使英国在安全和符合伦理地应用数据方面处于领先，增强英国网络安全能力；通过在科学、技术、工程和数学以及计算机教学等领域的投入，帮助人们掌握获得岗位所需的技能。

日本：日本在2016年初发布《第五期科学技术基本计划（2016~2020）》，提出在全世界率先建成“超智能社会”，而人工智能、大数据、物联网等是支撑该愿景的关键技术。2017年3月，日本发布《人工智能技术战略》，从解决日本社会问题、发展日本经济等角度出发，提出了应该优先发展的领域，包括社会生产力领域，健康、医疗和福利领域，交通领域和信息安全领域。此外，《人工智能技术战略》还提出了发展人工智能高端人才队伍、增强对数据的维护、支持人工智能创业企业、增进对人工智能的理解等应对策略。

在人工智能赋能期望持续膨胀的当代，人工智能成为学术界和工业界普遍关注的热点问题。各大名校都在重组人工智能学院（如MIT投资10亿美元新建人工智能学院、国内C9名校南京大学率先成立人工智能学院、清华大学成立人工智能研究院）。科技巨头加大人工智能的研发（或围绕人工智能领域并购相关创新公司）并成立相关部门，并从各自利益角度出发构建了自己的AI版图，比如谷歌提出的“AI FIRST”、百度提出的“ALL IN AI”、腾讯提出的“AI IN ALL”……出于对人工智能技术生态系统的构建，各大科技公司还通过将人工智能相关研究成果开源，让更多的团队和组织使用。以人工智能为主题的创新创业如火如荼，“AI+”已经称为新的创业范式，如“AI+制造”“AI+安防”“AI+交通”“AI+医疗”等。

从目前人工智能的研究和应用来看，人工智能几乎已经渗透到工业、农业、服务业（尤其现代服务业）的各个领域以及人们日常生活“衣、食、住、行、商、旅、娱”的各个层面。随着人工智能在工作、生活、娱乐等不同领域的渗透，人们在进行更高效的工作、享受更便捷的生活的同时，也会敏感地发现人工智能的介入使得许多岗位逐渐被智能系统替代掉了，甚至有人罗列出了人工智能可能最先代替的岗位，如电话客服人员、投资顾问、银行出纳、餐饮柜台服务员、收银员、迎宾接待、商场销售及导购服务人员、办公室文员、出租车司机、公交车司机、会计、翻译、流水线（类）工人等。

那么，人工智能会引起大规模失业吗？这是一个复杂的问题。

以美国为例，其刚建国时，95%的人口是农民，随着近200多年的科技发展，目前美国的农民只占人口的5%，这意味着科技的进步使得5%的农民就可以养活剩余95%的人，这95%的人不用进行农业生产，他们各自进行着其他工作，所以他们也有工资收入，能够挣钱养活自己（比如用工资购买农产品）。这也意味着，在过去的200多年间，美国人可以慢慢填补因为科技发展而多余出的劳动力（通过产生更多的岗位）。那么深入来看，如果不用

200多年的时间，而是用10年甚至1年的时间，科技的发展程度就能达到足以让5%的人养活剩余95%的人。而这10年甚至1年内无法挖掘更多的岗位提供给剩余95%的人，这就意味着这95%的人群都失业了，没有了经济收入，不再能养活自己。随之而来的是经济陷入停滞甚至倒退，整个社会陷入混乱。

在人工智能赋能的当代，若工厂里大规模地应用机器人，使得大量的工人下岗，甚至是全部下岗（注意：这种下岗是结构化的，即工人在这个工厂下岗，在其他地方也没有用武之地），且社会不能为这些下岗人员挖掘、创造出新的工作岗位，那么这些下岗工人不仅是不稳定因素，也会因为没有工作而失去社会消费能力，工厂生产的东西自然也没有办法消化，社会经济就会随之消退下去。

综上所述，不是因为科技发达让人类失业，而是发展太快，快得以至于还未来得及创造出更多的岗位以解决失业问题，这才是问题所在。现在有很多科学家都在考虑类似的问题，也提出很多方案，比如比尔·盖茨提出和倡议的“机器人税”就是其中的一种，即使用机器人的公司要向政府缴纳额外的机器人使用税，而政府将这笔税以某种方式贴补给失业人群，从而保证社会的持续正常运转。

事实上，针对人工智能的迅猛发展，不同的人群出于不同的角色定位，也有不同的响应态度。《哈佛商业评论》调研了普通大众对人工智能迅猛发展的态度，就调研结果来看，不同人群对人工智能的思考包括五大思想流派（表10–1），代表了人们在拥抱人工智能方面的不同态度。

表10–1 人工智能五大思想流派

| 思想流派 | 描述 |
| --- | --- |
| 乌托邦 | 人工智能为经济发展带来爆发增长，能创造美好的未来，人类能够将他们的技能和天赋运用到有意义的事情中 |
| 反乌托邦 | 人工智能将为世界带来不小的负面影响，导致高失业率、极低的工资以及生产力、收入、商品和服务需求下降，经济陷入困境 |
| 现实主义 | 关注它在商业中可能带来的变化，介于前两者之间，能提高生产力，节省劳动成本，优化产品和服务，开拓市场，但同时也可能会对社会带来不确定风险，如失业和贫富差距等 |

（续表）

| 思想流派 | 描述 |
| --- | --- |
| 乐观主义 | 科技发烧友们大多都是科技乐观派，他们认为生产力的飞跃能够产生巨大收益，带动经济的增长 |
| 生产力匮乏 | 从国家角度来看能带来的利益并不是那么多，把这一点与人口老龄化、收入不平等以及应对气候变化的成本相结合，那么GDP增长将接近静止状态 |